U0378519

方国平 / 编著

从新手到高手

Photoshop 电商设计与装修 从新手到高手

清华大学出版社
北京

内 容 简 介

本书是一本系统讲解Photoshop电商设计与装修的教程。主要讲述了Photoshop电商设计与装修相关的入门必备知识和操作方法，以及在电商设计领域如淘宝、天猫、拼多多、抖音店铺的装修设计、主图设计、详情页设计、手机店铺设计等方面所必备的知识。

本书共10章，第1章介绍了电商设计的日常知识点；第2章介绍了Photoshop软件界面、图片裁剪、修图技巧、调色技巧、产品抠图等方法；第3章介绍了logo设计和字效设计方法；第4章介绍了电商产品主图设计；第5章介绍了详情页设计思路和详情页制作；第6章介绍了天猫店铺首页装修；第7章介绍了手机店铺装修；第8章介绍了拼多多店铺装修；第9章介绍了抖音店铺装修；第10章介绍了直播预告封面制作等内容。

本书使用目前功能强大的Photoshop 2022版本编写，适合于Photoshop电商设计与装修初学者，同时对具有一定Photoshop电商设计与装修使用经验的读者也有很好的参考价值，还可以作为相关院校、培训机构的教学用书，以及各类读者自学Photoshop的参考用书。

本书封面贴有清华大学出版社防伪标签，无标签者不得销售。
版权所有，侵权必究。举报：010-62782989，beiqinquan@tup.tsinghua.edu.cn。

图书在版编目（CIP）数据

Photoshop电商设计与装修从新手到高手 / 方国平编著. -- 北京 : 清华大学出版社, 2022.5
（从新手到高手）

ISBN 978-7-302-60440-2

Ⅰ. ①P… Ⅱ. ①方… Ⅲ. ①图像处理软件 Ⅳ. ①TP391.413

中国版本图书馆CIP数据核字(2022)第052838号

责任编辑： 陈绿春
封面设计： 潘国文
责任校对： 胡伟民
责任印制： 朱雨萌

出版发行： 清华大学出版社
网　　址： http://www.tup.com.cn，　http://www.wqbook.com
地　　址： 北京清华大学学研大厦A座　　**邮　　编：** 100084
社 总 机： 010-83470000　　**邮　　购：** 010-62786544
投稿与读者服务： 010-62776969，c-service@tup.tsinghua.edu.cn
质量反馈： 010-62772015，zhiliang@tup.tsinghua.edu.cn
印 装 者： 三河市天利华印刷装订有限公司
经　　销： 全国新华书店
开　　本： 188mm×260mm　　**印　　张：** 13.75　　**字　　数：** 450千字
版　　次： 2022年7月第1版　　**印　　次：** 2022年7月第1次印刷
定　　价： 88.00元

产品编号：094290-01

前　言

本书是快速自学网店装修的必备教程。全书从实用角度出发，全面系统地讲解了 Photoshop 电商设计与装修的强大功能，涵盖了 Photoshop 电商设计与装修各工具的使用方法，并详细讲解了网店装修中经常使用的调色和抠图功能的使用方法，同时安排了实战性很强的案例，例如主图、详情页和店铺首页的设计方法。

目前市场上有很多讲述 Photoshop 使用方法的书籍，但针对使用 Photoshop 进行网店装修的书籍并不多，且只注重系统性讲解，实操性不强，当在实际工作中遇到问题时就会感到无从下手，很多读者在学习过程中很茫然。本书能够让读者系统、高效地学会淘宝、天猫、拼多多、抖音店铺的装修设计方法，并且更加突出针对性、实用性和技术性。

本书特点

1. 零起点，入门快

本书以初学者为主要读者对象，通过对基础知识的介绍，结合案例对淘宝、天猫、拼多多、抖音店铺的装修设计方法做了详细讲解，同时给出了技巧提示，确保读者零起点轻松入门。

2. 内容细致全面

本书涵盖了使用 Photoshop 进行网店设计装修的各方面内容，可以说是 Photoshop 初学者学习网店装修的必备教程。

3. 实例精美实用

本书展示的实例都是经过作者精心挑选的，确保在实用的基础上精美、漂亮，一方面可以提高读者的审美观，另一方面可以让读者在学习后投入实战。

4. 实用性强

本书在讲解过程中采用了知识讲解和案例相结合的方式，满足了广大读者“学以致用”的要求。

5. 附带高价值教学视频

本书附带一套教学视频，将重点知识与商业案例完美结合，并提供全书所有案例的配套素材与源文件，可以更直观地看视频学习，并使用配套素材，按照书中的步骤进行操作，循序渐进，点滴积累，快速提高。

本书服务

1. 交流答疑微信群

为了方便读者提问和交流，作者建立了微信公众号“鼎锐教育服务号”。进入微信公众号后，点击“个人中心”→“联系老师”选项，即可被邀请加入交流群。

2. 每周一练

为了方便读者学习，进入微信公众号“鼎锐教育服务号”后，点击“每周一练”选项，即可参加“每周一练”的在线学习课程。

3. 留言和关注最新动态

为了方便与读者沟通、交流，我们会及时发布与本书有关的信息，包括读者答疑、勘误信息等，可以关注微信公众号“鼎锐教育服务号”与我们交流。

配套资源

本书的配套素材和视频教学文件请扫描下面的二维码进行下载，如果在下载过程中碰到问题，请联系陈老师，邮箱：chenlch@tup.tsinghua.edu.cn。

由于作者水平有限，书中疏漏之处在所难免。如果有任何技术问题请扫描下面的二维码联系相关技术人员解决。

配套素材

教学视频

技术支持

致谢

在编写本书的过程中得到了很多人的帮助，在此表示感谢。感谢海兰对图书编写的悉心指导，感谢天猫对鼎锐教育旗舰店的支持，感谢“鼎锐教育”全体成员的支持，感谢张成洋、方广丽、方浩的帮助，感谢我的爱人和儿子的理解和支持。

编者

2022年5月

目　录

第1章　网店设计必备知识

第2章　Photoshop常用功能

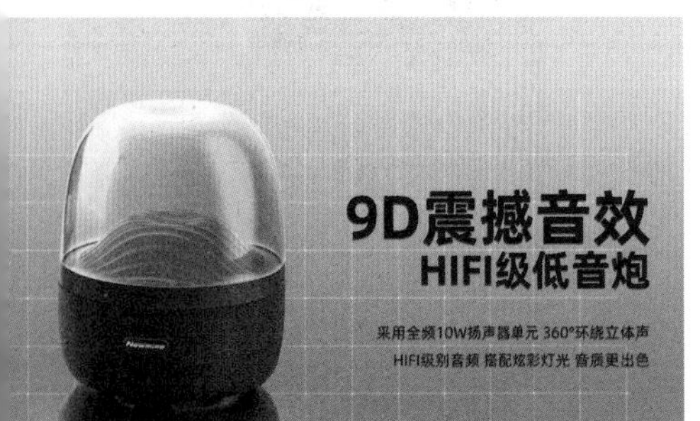

9D震撼音效
HIFI级低音炮
采用全频10W扬声器单元 360°环绕立体声
HIFI级别音频 搭配炫彩灯光 音质更出色

新科技 新生活
微蒸汽 空气洗
新年狂欢
缤纷好礼 限时加享

线控耳机
真正重低音 TPE抗冻扁线 3.5MM镀金插头
厂家直销 价格更优惠
¥129

第7章　手机淘宝天猫店铺装修

第8章　拼多多店铺装修

第9章　抖音店铺装修

第10章　短视频直播封面设计

第1章

网店设计必备知识

本章会向大家介绍进行网店设计所必备的基础知识，包括网店设计的准备工作、网店装修涉及的平台，以及网店装修会使用到的软件。

本章学习目标

- 了解网店装修涉及的模块
- 了解网店装修主要使用的软件

1.1 网店设计

我们可以将网店设计看作平面设计和网页设计的结合体，其具有互联网的设计属性。网店设计师是为网店营销进行服务的，优秀的网店设计师能帮助电商从互联网大潮中脱颖而出，好的网店设计可以为店铺带来巨大的浏览量和成交量。

现在国内主流的电商平台主要包括淘宝、天猫、京东、拼多多和抖店，淘宝、天猫、京东包括 PC 端和手机端，拼多多和抖店只有手机端。网店设计的主要目的是卖产品，让尽可能多的客户访问店铺，并可以清晰地看到店中销售的商品细节，最终形成购买行为，所以在设计网店的过程中需要尽可能清晰地表现品牌的属性、商品的信息和促销的内容。

网店设计主要涉及促销海报设计、店铺首页设计、主图设计、详情页设计和手机端店铺设计等。

1.1.1 促销海报

促销海报在网店的 PC 端和手机端都是常用模块，可以充分体现品牌调性、商品信息和促销信息，如图 1-1 所示。

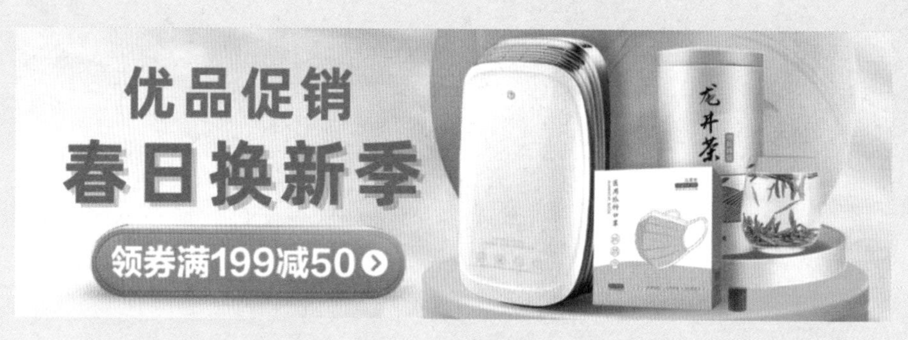

图1-1 促销海报

常见的促销海报会展示商品的优惠、性能、功能、价格等信息，从而吸引买家快速下单完成购买，如图 1-2 所示。

图1-2 电器促销海报

1.1.2 店招设计

店招（店铺招牌的简称）设计主要针对淘宝、天猫和京东的店铺，这些店铺的 PC 端页面都需要店招，店招主要包括店铺 Logo、添加关注按钮、特价产品信息和店铺优惠信息等，如图 1-3 所示。

图1-3 店招设计

1.1.3 店铺首页设计

店铺首页需要针对全屏海报、店铺优惠券、推荐商品、店铺商品、页面背景等几方面进行设计，如图 1-4 所示。

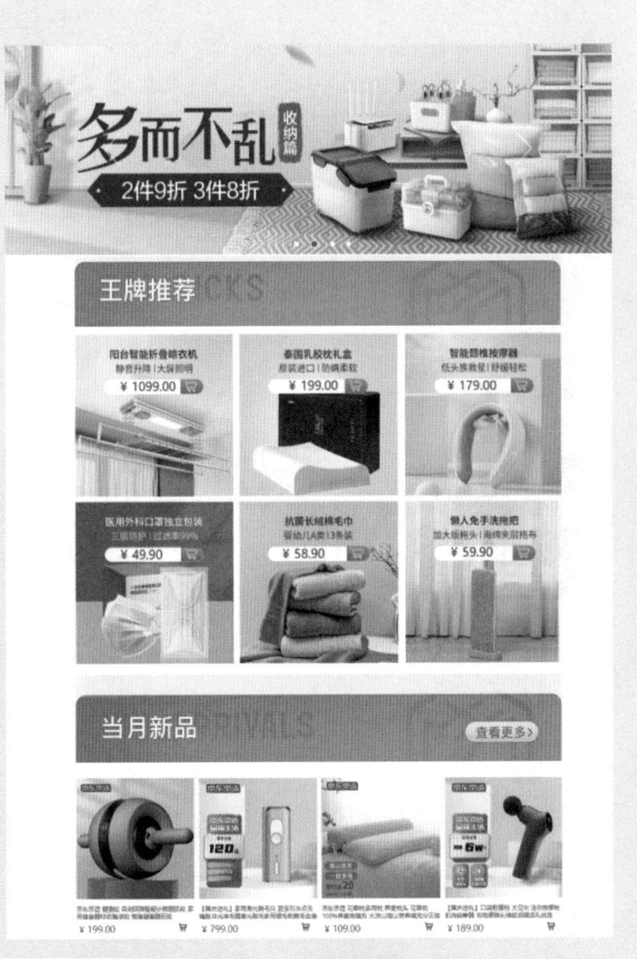

图1-4 店铺首页

1.1.4 主图设计

主图主要用于商品图片展示，还可以体现商品的价格、促销信息、赠品以及产品的功能优势等，在一般情况下，主图中使用的商品图片需要经过 Photoshop 精心处理，如图 1-5 所示。

图1-5 主图设计

1.1.5 详情页

详情页主要展示产品的优点、功能、展示图、参数、检测报告等，如图 1-6 所示。

图1-6 详情页设计

1.1.6 手机端网店装修

在设计手机端网店时，需要展示促销商品的详细信息，如果遇到“大促”（大型促销）活动，除了要展示促销商品和优惠价格，还要进一步烘托促销活动的气氛，如图 1-7 所示。

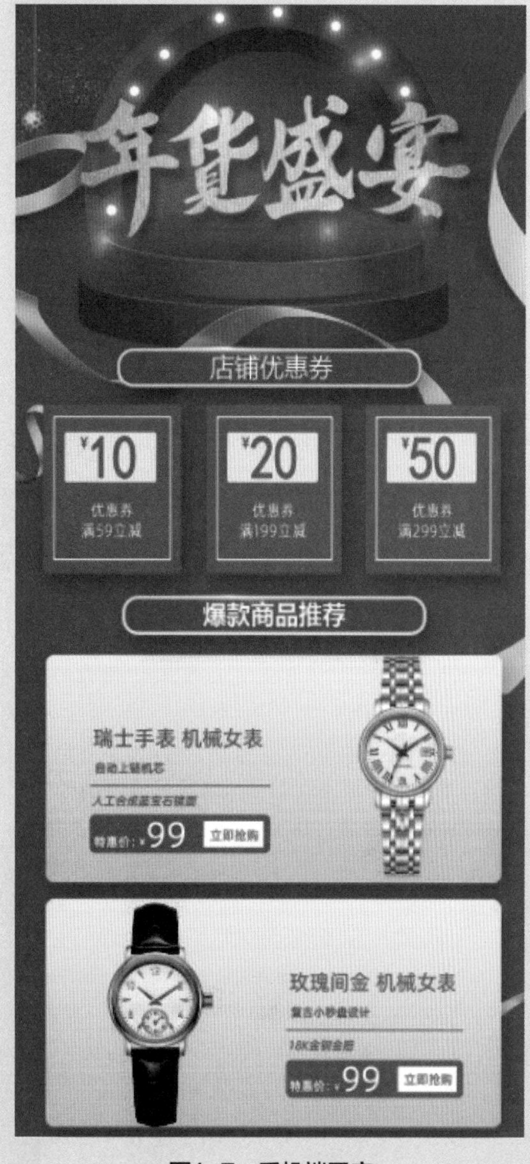

图1-7 手机端网店

1.2 网店设计师必备软件技能

网店设计师不仅需要会用 Photoshop 进行简单的图像处理，还需要使用该软件进行切图，并配合使用 Dreamweaver 实现一些简单的网页功能。虽然在一些大规模的设计公司中，设计师的分工会比较明确，绘图设计师只需要会用 Photoshop 即可，专注于视觉设计和创意设计，后期的工作会有相关的工作人员进行配合。但是，如果你在一家小公司，或者在一家小型工作室，那么你就必须是一个“全才”，网店设计的全流程工作都要精通。

Photoshop，简称PS，是由Adobe公司开发的图像处理软件，其主要处理由像素构成的位图图像。使用该软件可以高效地进行图像编辑处理，完成网店设计相关的图像处理工作绰绰有余。Photoshop有很多功能，除了可以进行网店设计，还可以完成平面设计、摄影后期处理等工作。

Photoshop 2022版本的界面如图1-8所示。

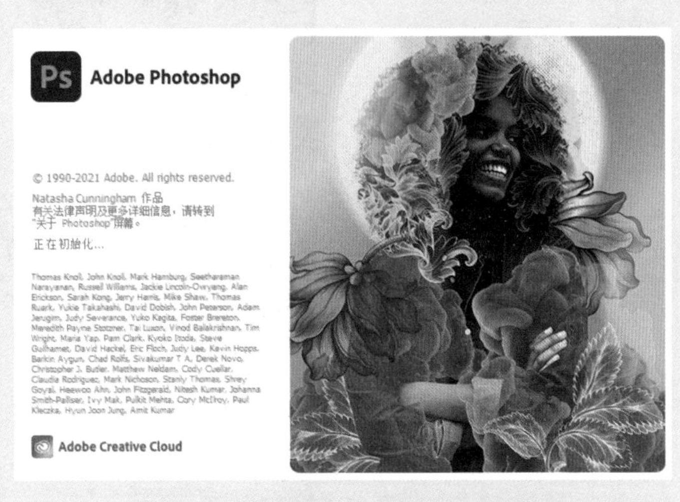

图1-8 Photoshop 2022启动界面

Dreamweaver，简称DW，同样是Adobe公司开发的。该软件是集网页制作和网站管理于一身的、所见即所得的网页制作软件。利用该软件对HTML、CSS、JavaScript等功能的支持，设计师或程序员都可以在短时间内完成网站建设，并且可以轻松创建、编码和管理动态网站。在通常情况下，网店设计师先通过Photoshop进行图像绘制或处理，完成后对图像进行切片，此时得到的图片需要通过Dreamweaver进行排版布局。

Dreamweaver 2022版本的界面如图1-9所示。

图1-9 Dreamweaver软件

第2章

Photoshop常用功能

本章主要介绍 Photoshop 的工作界面、修图工具的使用方法，以及照片调色和抠图的相关知识和操作技巧。

本章学习目标

- 认识Photoshop的工作界面
- 了解修图工具、图层、图层模式的使用方法
- 熟练掌握调色和抠图的操作技巧

2.1 Photoshop 软件界面介绍

Adobe photoshop 简称 PS，是 Adobe 开发的图像图像软件。Photoshop 主要由像素构图的数字图像，使用其修饰与绘图工具，可以有效的进行图片编辑工具，PS 有很多功能，在图形、文字、视频制作领域都有涉及，目前市场上新版本为 Photoshop 2022 版本，打开 Photoshop 2022 软件，启动界面如图 2-1 所示。

图2-1　Photoshop启动界面

打开 Photoshop 软件，Photoshop 的工作界面如图 2-2 所示。

图2-2　Photoshop工作界面

Photoshop 一共由 6 个部分组成，工具栏、菜单栏、文档窗口、属性栏，浮动面板和工作窗口，下面介绍 Photoshop 的工作界面。

2.1.1　工作区

用户可以根据自己的喜好设置 Photoshop 工作区的布局，在“窗口”→“工作区”子菜单中选择不同的命令，可以设置 Photoshop 工作区的布局，如图 2-3 所示。软件内置的布局方式包括：“基本功能”“3D”“图形和 Web”“动感”“绘画”“摄影”，直接选择所需的工作区命令，可以切换到相应的工作区布局。如果预制的工作区布局都不能满足需要，可以自行调整工作区布局后，执行“窗口”→“工作区”→“新建工作区”命令，将当前工作区布局保存。

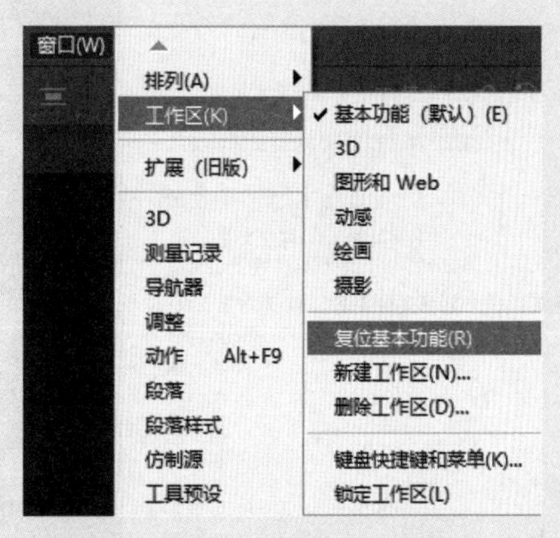

图2-3　“工作区”子菜单

2.1.2　菜单栏

菜单栏中包括“文件”“编辑”“图像”“图层”“文字”“选择”“滤镜”“3D”“视图”“增效工具”“窗口”“帮助”，共 12 个菜单，如图 2-4 所示。

文件(F)　编辑(E)　图像(I)　图层(L)　文字(Y)　选择(S)　滤镜(T)　3D(D)　视图(V)　增效工具　窗口(W)　帮助(H)

图2-4　菜单栏

从这些菜单命令中，就可以了解 Photoshop 有哪些功能，单击一个菜单，即可将其打开，在菜单中，不同功能的命令之间采用分割线隔开，如图 2-5 所示。

如果此时某个命令是灰色的，表示当前命令不可用，需要在特定的状态下才可以使用，例如需要定义选区、调整图层模式、选中调整图层等。

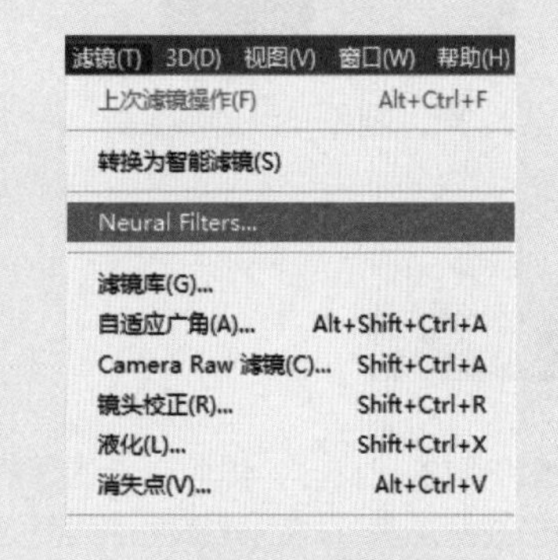

图2-5　菜单

2.1.3　工具箱

Photoshop 的大部分功能都是通过工具实现的，包括对图像进行移动、创建选区、图像修饰、绘画等操作，这些工具都放置在工具箱中，如图 2-6 所示。

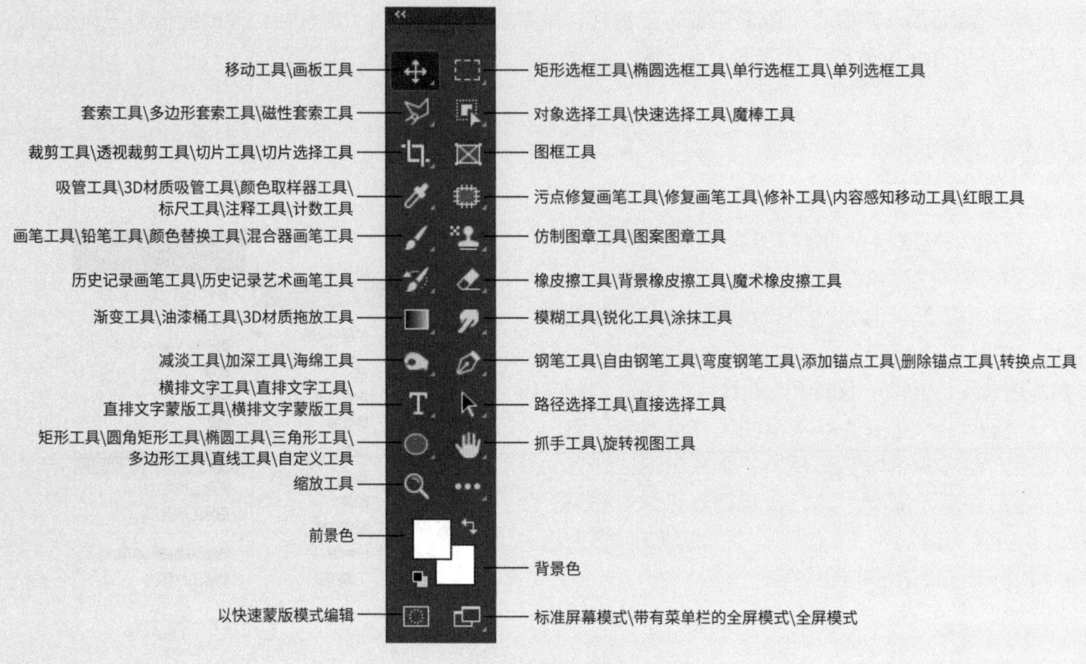

图2-6　工具箱

单击工具箱中的“移动工具”，即可选中该工具，如图 2-7 所示。

如果在工具按钮的右下角有三角形图标，表示这是一个工具组，在该工具组按钮上按住鼠标左键即可显示隐藏的工具，如图 2-8 所示。将鼠标指针移至该工具按钮上释放鼠标，即可选中相应工具。

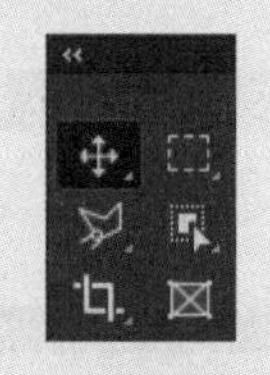

图2-7　选择工具

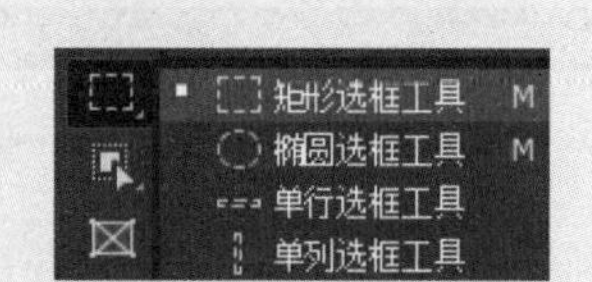

图2-8　显示工具组

2.1.4　属性栏

当选中不同的工具时，界面上部的属性栏会显示不同的控件，可以根据需要设置工具的属性，例如选择“矩形选框工具”时，其属性栏如图 2-9 所示。

图2-9　属性栏

在“矩形选框工具”属性栏中含有针对选区运算的按钮，包括“新选区”“添加到选区”“从选区减去”“与选区交叉”，如图 2-10 所示。通过单击不同的按钮可以设置选区的运算方式。属性栏中的“羽化”参数可以控制选区的虚化范围。

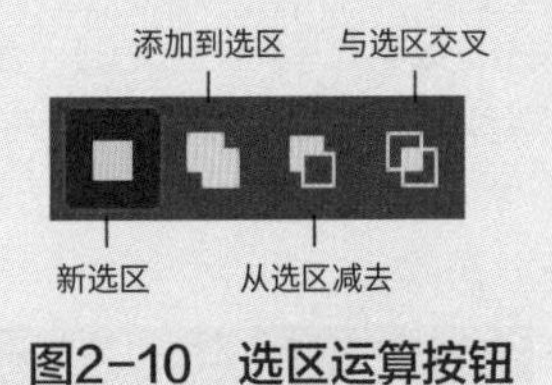

图2-10　选区运算按钮

2.1.5　面板

Photoshop 中的大多数面板需要配合工具一起使用，如选择“横排文字工具”，在“字符”面板中可以设置输入文本的字体、大小和颜色等，如图 2-11 所示。

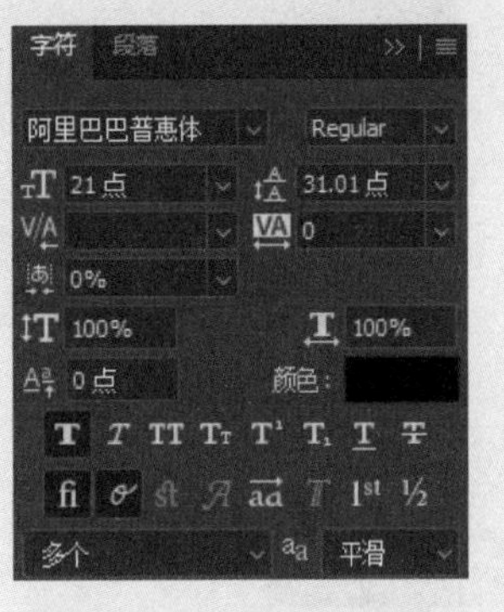

图2-11　“字符”面板

2.2　图像模式

我们在计算机中浏览、处理的图像，从表面看没有什么太大的区别，但是深入其中，你会发现大有乾坤，作为一名网店设计师必须了解图像中蕴含的不同概念，我们将其统称为“图像模式”。

2.2.1　位图和矢量图

位图也称为“像素图”，是使用像素阵列来表示的图像，当图像放大到一定程度后，图像中会出现马赛克效果，如图 2-12 所示，这就是一个个像素被放大后的效果。所以，位图不能被过分放大。

图2-12　位图

矢量图是由数学的概念定义的，也就是点、线、面的位置、尺寸等，所以矢量图无论放大多少倍都不会出现马赛克现象，始终保持高清晰的状态，如图 2-13 所示。矢量图主要用于 Logo 设计、字体设计、UI 设计等。

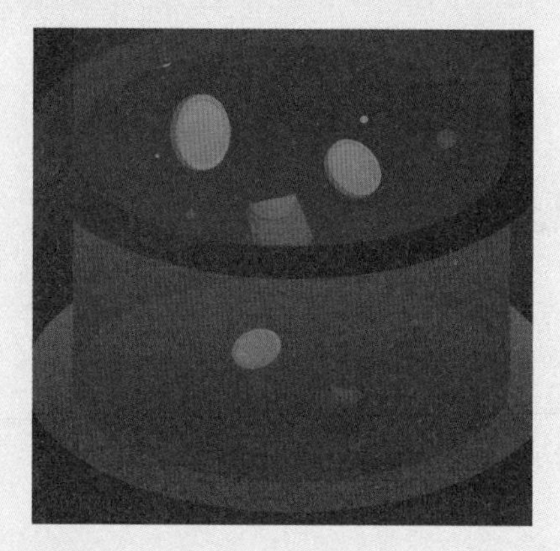

图2-13　矢量图

2.2.2　颜色模式

网店设计中常用的颜色模式有 RGB、CMYK 和 Lab。

1. RGB 颜色模式

RGB 颜色模式是通过对红 (Red)、绿 (Green)、蓝 (Blue) 三个颜色通道的变化并进行互相叠加得到各种颜色的，该颜色模式几乎包括人类视觉所能感知的所有颜色，在日常生活中，计算机、电视机、手机、智能手表等设备都采用 RGB 颜色模式。

2. CMYK 颜色模式

CMYK 颜色模式为印刷颜色模式，其中 C 代表青色（Cyan），M 代表洋红色（Magenta），Y 代表黄色（Yellow），K 代表黑色（Black）。因为在实际应用中，青色、洋红色和黄色很难叠加形成真正的黑色，所以引入黑色（K），以强化暗调，加深暗部色彩。

CMYK 模式是最佳的印刷（打印）模式，在图像设计工作中可以用 RGB 模式进行图像编辑处理，在印刷（打印）前将 RGB 颜色模式转换为 CMYK 颜色模式，再进行一次图像色彩校正、锐化，最终进行印刷（打印）。在 Photoshop 中可以通过执行“图像”→“模式”子菜单中的命令，进行颜色模式的转换，如图 2-14 所示。

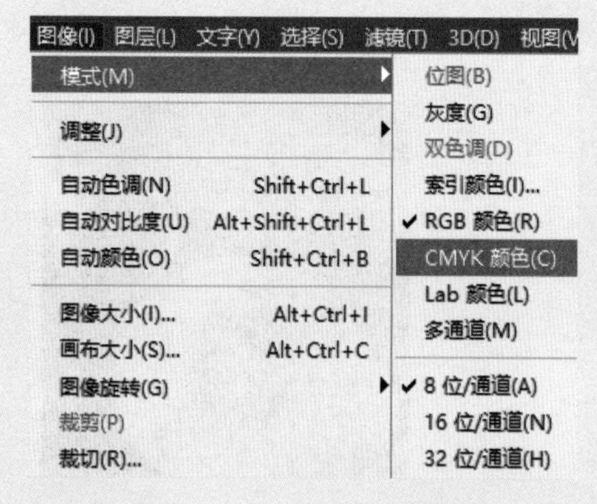

图2-14　“模式”子菜单

3. Lab 颜色模式

Lab 颜色模式由 3 个通道组成，L 通道代表明度，另外两个是色彩通道，用 a 和 b 来表示。a 通道包括的颜色是从深绿色（低亮度值）到灰色（中亮度值）再到亮粉红色（高亮度值）；b 通道则是从深蓝色（低亮度值）到灰色（中亮度值）再到黄色（高亮度值）。

Lab 颜色模式与 RGB 颜色模式相似，色彩的混合将产生更亮的色彩，但只有亮度通道的值才能影响色彩的明暗变化，我们可以将 Lab 颜色模式看作是两个通道的 RGB 颜色模式加一个亮度通道的模式。

2.2.3 图像格式

当设计完成或告一段落时，我们需要将处理的图像文件保存，此时就产生了一个问题，文件要保存为什么格式。一般情况下，我们都希望图像能保持高清晰度，且文件尺寸尽可能小，下面将详述不同文件格式的用途和优缺点。

1. JPEG 格式

JPEG 属于有损压缩格式，它能够将图像压缩得很小，但在一定程度上会造成图像数据的损失，也就是降低图像的清晰度。当使用过高的压缩比例时，图像质量降低得很厉害，如果是追求高品质的图像，不宜采用该格式，或较高的压缩比例。

2. PNG 格式

PNG 是一种采用无损压缩算法的位图格式，其设计目的是试图替代 GIF 和 TIFF 文件格式，同时增加一些 GIF 文件格式所不具备的特性。PNG 格式的特点是体积小，且无损压缩。

3. GIF 格式

GIF 是一种位图格式，其原理是图片由许多的像素组成，每个像素都被指定了一种颜色，这些像素放在一起就构成了图片，但 GIF 格式最高只支持 256 种颜色，从而降低图像文件的尺寸。所以，GIF 格式适用于色彩较少的图片。GIF 格式还支持动画和无底图像，在某些应用环境无法被替代。

4. PSD

PSD 是 Photoshop 的专用格式，可以存储 RGB 或 CMYK 颜色模式的图像，最主要的功能是它可以保存 Photoshop 的图层、通道、路径等信息，所以在工作中途需要保存文件时，一定要保存为 PSD 格式。

2.3 首选项设置

在使用 Photoshop 进行具体工作之前，最好通过首选项设置将软件调整到最佳（最匹配当前计算机）的状态，从而以最快速、最稳定的状态运行，避免出现死机、滞后或延迟的问题。

1. 性能设置

启动 Photoshop，执行“编辑”→“首选项”→“性能”命令，打开“首选项”对话框，如图 2-15 所示。

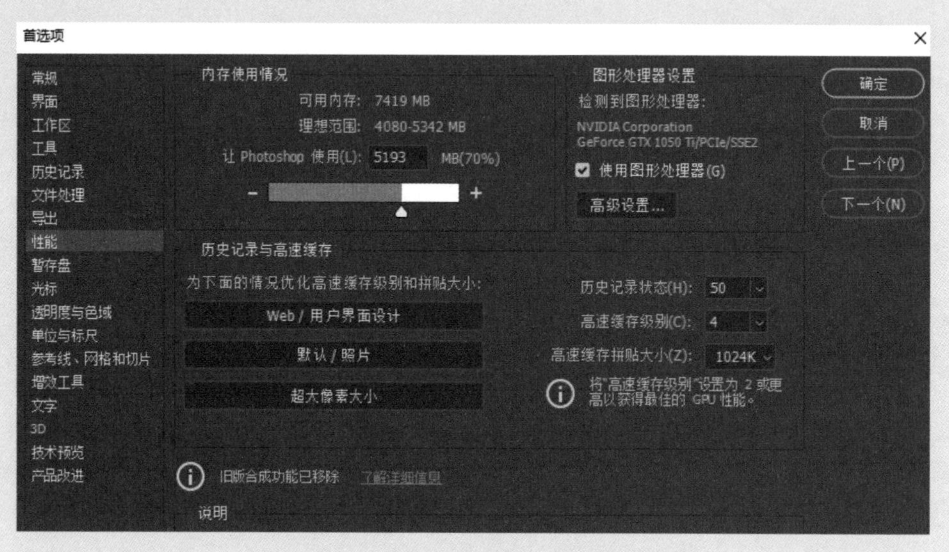

图2-15　“首选项”对话框

在“首选项”对话框的“性能”选项区域中，可以优化内存、高速缓存、图形处理器等计算机资源。根据 Photoshop 处理的文档类型，设置组合可能会有所不同，通过增加分配给 Photoshop 的内存，可以提升图像处理的性能。

2. 限制历史记录状态

进入“历史记录”选项区域，通过限制或减少 Photoshop 存储在“历史记录”面板中的历史记录数量，可以节省暂存盘空间并提高处理性能。Photoshop 最多可以存储 1000 条历史记录，默认为 50 条。

3. 管理暂存盘

暂存盘是 Photoshop 在运行时用于临时存储文件的硬盘分区。Photoshop 使用此空间存储计算机的内存或 RAM 中无法容纳的部分文档及历史记录。进入“暂存盘”选项区域，选中剩余空间较大的硬盘分区即可，如图 2-16 所示。

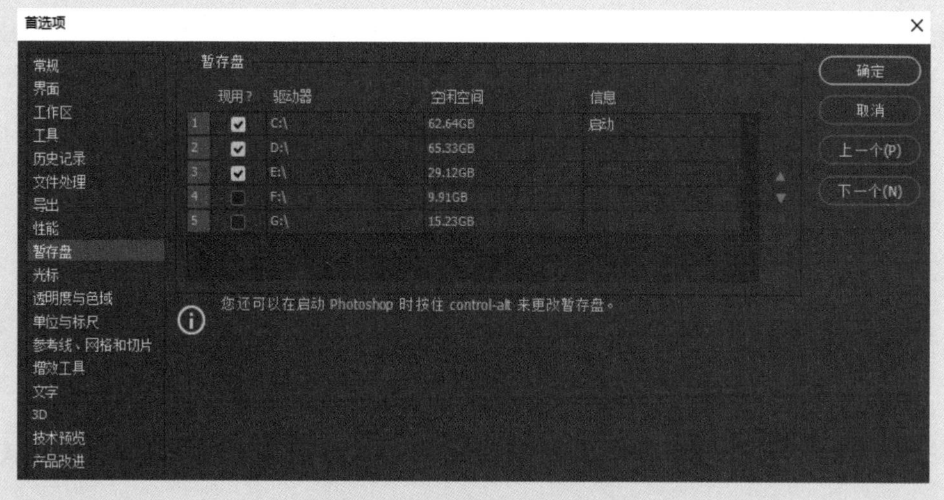

图2-16　“暂存盘”选项区域

2.4 裁剪图片

裁剪是移去部分照片以打造焦点或加强构图效果的过程。Photoshop 中的“裁剪工具”是非破坏性的，还可以让你在确定裁切操作之前，预览裁切后的效果。

“裁剪工具”可以提前定义裁剪图片的尺寸，在其属性栏中包括裁剪尺寸和裁切比例等，如图 2-17 所示。

图2-17　裁剪工具属性栏

在“裁剪工具”属性栏中预设的选项包括“比例”“宽 × 高 × 分辨率”“原始比例”“1:1（方形）”等比例尺寸，也可以通过新建裁剪预设设置需要的尺寸，如图 2-18 所示。

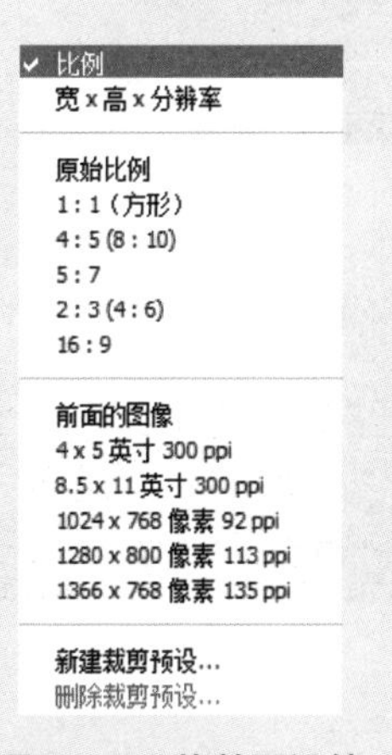

图2-18　裁剪预设值

下面使用“裁剪工具”制作一张宽度和高度均为 800 像素的主图。

步骤01：启动Photoshop，执行“文件”→“打开”命令，打开素材。选择“裁剪工具”，在属性栏中选择“宽×高×分辨率”选项，并设置具体参数值，如图2-19所示。

图2-19　设置具体参数值

步骤02：在“裁剪预设”下拉列表中选择“新建裁剪预设”命令，弹出“新建裁剪预设”对话框，在“名称”文本框中输入相应的名称，如图2-20所示。

图2-20　“新建裁剪预设”对话框

步骤03：单击“确定”按钮，新建裁剪预设。在文档窗口中可以调整裁剪的区域，如图2-21所示。

步骤04：按Enter键，确定裁剪的区域，如图2-22所示。

图2-21　调整裁切区域

图2-22　裁剪后的效果

通过上述操作可以快速将图像裁剪为需要的尺寸，网店产品主图多数采用这样的方法进行裁切。

2.5　修图工具

本节介绍使用 Photoshop 的修图工具修饰人物皮肤瑕疵的技巧。Photoshop 提供了大量的修图工具，如“污点修复画笔工具”“修复画笔工具”“修补工具”“内容感知移动工具”和“仿制图章工具”等，如图 2-23 所示。

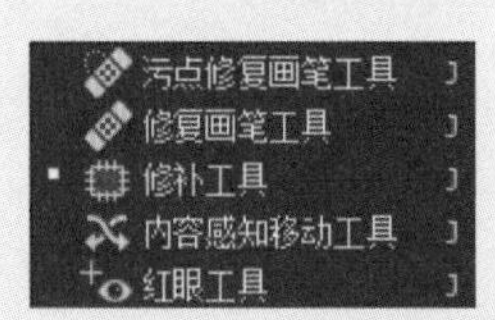

图2-23　修图工具

2.5.1　污点修复画笔工具

“污点修复画笔工具”可以快速去除照片中的污点或一些不理想的区域，该工具将自动从所修饰区域的周围取样，并填补有瑕疵的区域。下面介绍使用“污点修复画笔工具”处理照片的基本流程。

步骤01： 打开素材，如图2-24所示。

步骤02： 在“图层”面板，单击“创建新图层”按钮，新建图层，如图2-25所示。

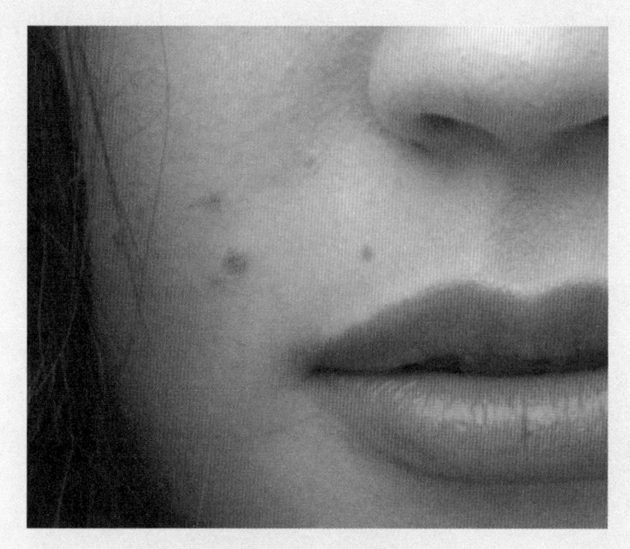

图2-24 素材

图2-25 新建图层

步骤03： 选择“污点修复画笔工具”，在属性栏中选中“对所有图层取样”复选框，如图2-26所示。

图2-26 选中“对所有图层取样”复选框

步骤04： 在人物痘印上单击，软件会自动用周围的皮肤填补瑕疵区域，如图2-27所示。

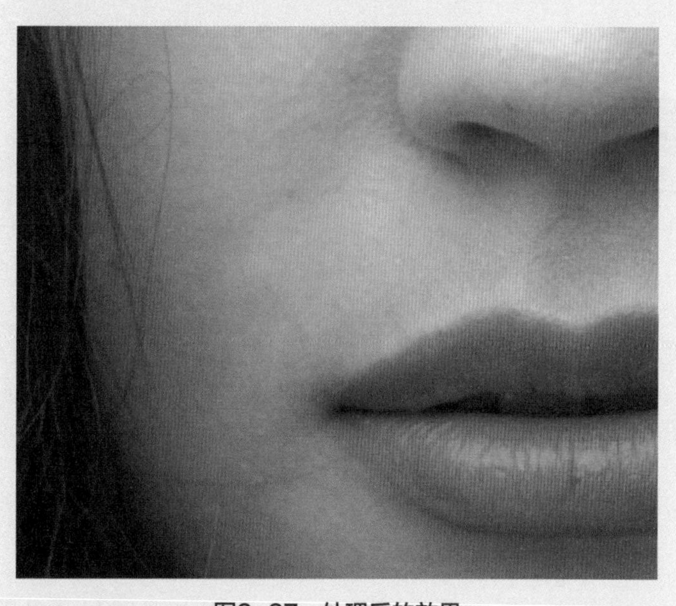

图2-27 处理后的效果

2.5.2　修复画笔工具

“修复画笔工具”同样可以修补人物皮肤的瑕疵，但其并不是直接使用周边的图像进行修补，而是使用操作者指定的图像区域进行修补，如果选择的图像恰当，修复后同样不会留下任何修补的痕迹，下面介绍“修复画笔工具”的操作方法。

步骤01：打开素材，如图2-28所示。

步骤02：选择“污点修复画笔工具”，按住Alt键在皮肤上取样，然后在痘印的位置上单击，完成修复的效果如图2-29所示。

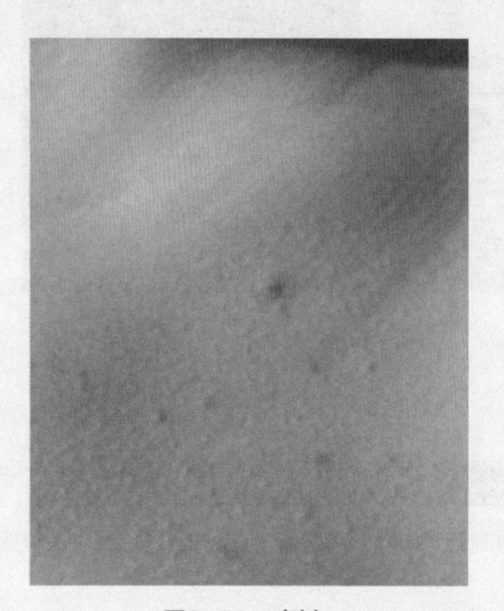

图2-28　素材

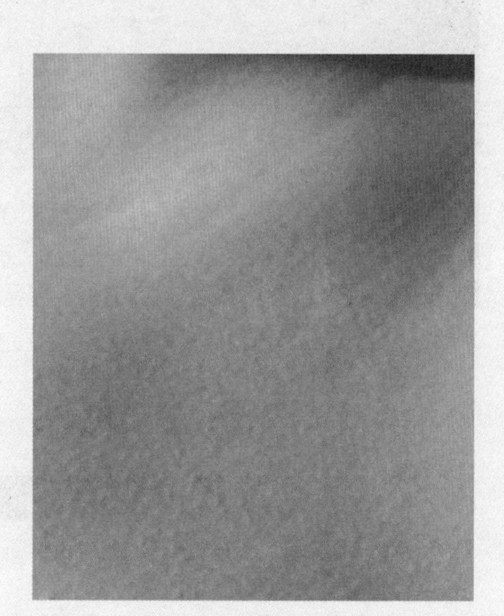

图2-29　修复后的效果

2.5.3　修补工具

通过使用“修补工具”，可以用其他区域或图案中的像素来修复选中的区域。与“修复画笔工具”类似，“修补工具”会将样本像素的纹理、光照和阴影与源像素匹配，还可以使用“修补工具”来仿制图像的隔离区域，下面介绍“修补工具”的基本使用方法。

步骤01：打开素材，如图2-30所示。

步骤02：选择“修补工具”，在人物皮肤上选择痘印区域并拖至周围较光滑的皮肤区域，通过这样的方法可以快速对面积较大皮肤进行修复，如图2-31所示。

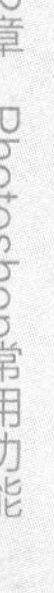

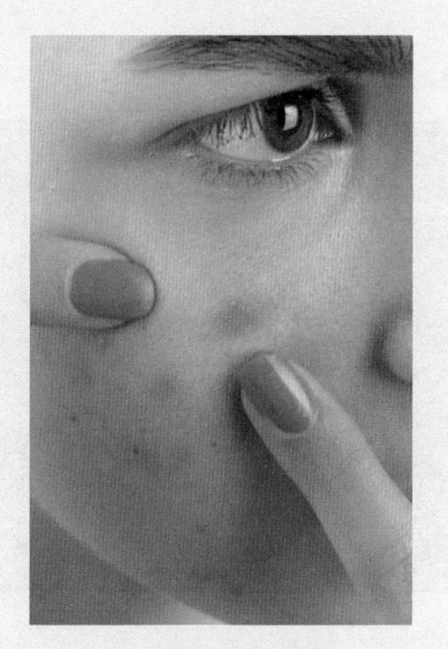

图2-30　素材

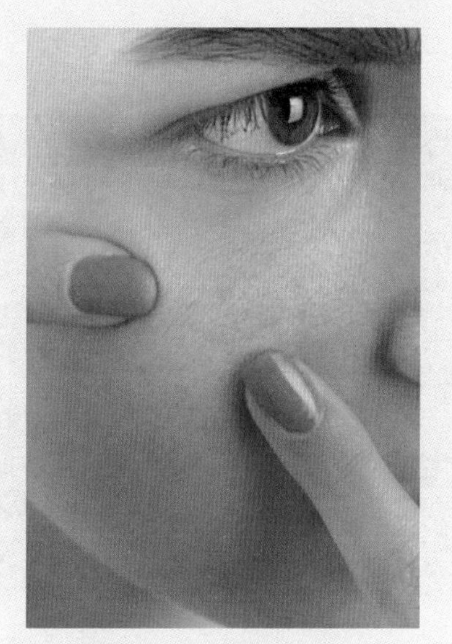

图2-31　修复后的效果

2.5.4　内容感知移动工具

“内容感知移动工具”可以选择并移动一部分图像，移动后软件会自动填充移走的区域。下面介绍“内容感知移动工具”基本的使用方法。

步骤01：打开素材，如图2-32所示。

步骤02：选择“内容感知移动工具”，选择鸟的区域并移至其他位置，如图2-33所示。

图2-32　素材

图2-33　处理后的效果

2.6 图层

Photoshop 中的图层就如同堆叠在一起的透明纸，可以透过透明纸（图层）的透明区域看到下面透明纸上的内容。操作时可以通过移动图层来定位图层上的内容，也可以更改图层的不透明度以使其中的图像变得透明，如图 2-34 所示。

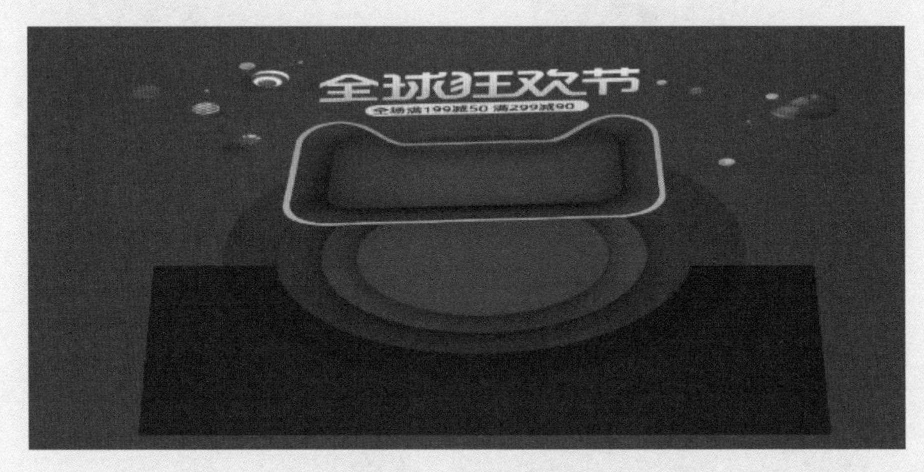

图2-34　图层概念示意

Photoshop 中的“图层”面板（见图 2-35）列出了图像中的所有图层、图层组和图层效果，可以使用它来显示和隐藏图层、创建和编辑新图层及图层组。在“图层”面板中还可以执行一些关于图层的命令，以加快工作效率。下面简单介绍“图层”面板的使用方法。

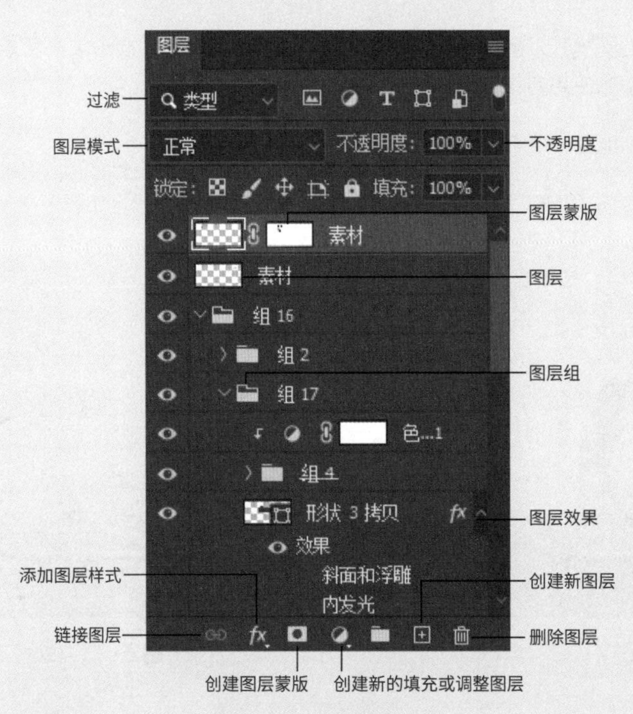

图2-35　图层面板

单击“图层”面板中的“创建新图层”按钮⊞，创建新的图层，新图层将出现在“图层”面板中选中图层的上方，或出现在选定的图层组内。

图层模式：指定图层或图层组的混合模式。

不透明度：指定图层或图层组的不透明度。

添加图层样式：Photoshop 提供的图层样式包括混合选项、斜面和浮雕、描边、内阴影、内发光、光泽、颜色叠加、渐变叠加、图案叠加、外发光和投影，使用相应的图层样式可以快速得到不同的绚丽效果，如图 2-36 所示。

创建新的填充或调整图层：用于创建填充和调整图层，包括纯色、渐变和图案图层，还可以创建不同的调整图层，包括亮度 / 对比度、色阶、曲线、曝光度、自然饱和度、色相 / 饱和度、色彩平衡、黑白、照片滤镜、通道混合器、颜色查找、反相、色调分离、阈值、渐变映射和可选颜色，如图 2-37 所示。

图2-36　图层样式

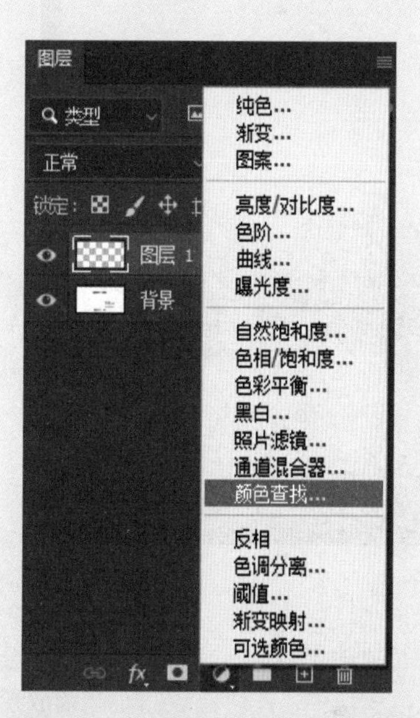

图2-37　创建新的填充或调整图层

2.7 图层模式

在“图层”面板的“模式”下拉列表中可以指定不同的图层混合模式，以控制图层和图层之间是如何互相影响的，如图 2-38 所示。模式包括正常、溶解、变暗、正片叠底、颜色加深、线性加深、深色、变亮、滤色、颜色减淡、颜色减淡（添加）、浅色、叠加、柔光、强光、高光、线性光、点光、实色混合、差值、排除、减去、划分、色相、饱和度、颜色和明度。

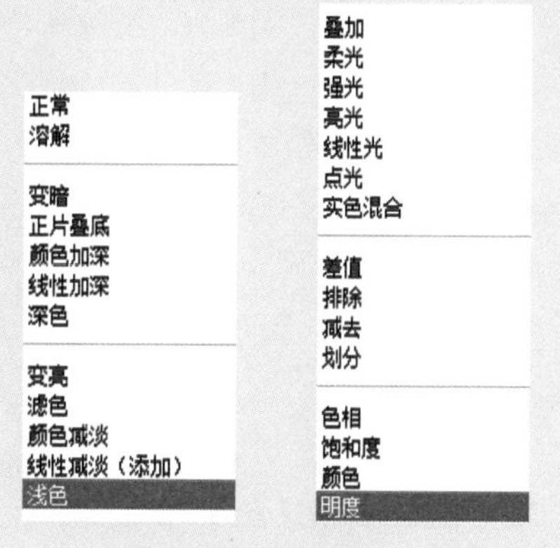

图2-38　图层模式

2.7.1 正片叠底

“正片叠底”颜色模式查看每个通道中的颜色信息，并将基色与混合色进行混合，结果色是较暗的颜色。任何颜色与黑色正片叠底都会产生黑色，任何颜色与白色正片叠底都会保持不变，具体操作如下。

步骤01：执行“文件”→“打开”命令，选择素材并打开，如图2-39所示。

图2-39 素材

步骤02：选择“移动工具”，将“素材2”拖至“素材1”的文档窗口中，按快捷键Ctrl+T缩放素材到合适大小，如图2-40所示。

图2-40 调整素材尺寸

步骤03：将图层1的模式改为“正片叠底”，如图2-41所示，调整后的效果如图2-42所示。

图2-41　选择模式

图2-42　调整后的效果

2.7.2　滤色

“滤色”模式用于查看通道的颜色信息，并将混合色的互补色与基色进行混合，结果色是较亮的颜色，用黑色混合时颜色保持不变，用白色混合时将产生白色，具体操作如下。

步骤01：执行“文件”→“打开”命令，选择素材并打开，如图2-43所示。

图2-43　打开素材

步骤02：选择“移动工具”，将“素材2”拖至“素材1”的文档窗口中，按快捷键Ctrl+T缩放素材到合适大小，如图2-44所示。

步骤03：将“图层1”的图层模式改为“滤色”，如图2-45所示，调整后的效果如图2-46所示。

图2-44　缩放大小

图2-45　选择模式

图2-46　调整后的效果

2.7.3 柔光

“柔光”图层模式使颜色变亮或者变暗，具体取决于混合色。使用纯黑色或纯白色混合，可以产生明显变暗或变亮的区域，但不能生成纯黑色或纯白色的区域，具体操作如下。

步骤01：执行“文件”→“打开”命令，选择素材并打开，如图2-47所示。

图2-47　打开素材

步骤02：选择“移动工具”，将“素材2”拖至“素材1”的文档窗口中，按快捷键Ctrl+T缩放素材到合适大小，如图2-48所示。

步骤03：在“图层”面板中，将“图层1”的图层模式改为“柔光”，最终的效果如图2-49所示。

图2-48　缩放大小

图2-49　调整后的效果

2.8 调色

Photoshop 提供了功能强大的调色工具，可以校正图像中的颜色、色调、亮度、暗度和对比度等。颜色调整的相关命令可以在“图像”→“调整”子菜单中找到，也可以在“图层”面板中创建调整图层，以实现更高级的调色效果，如图 2-50 所示。

亮度/对比度(C)...
色阶(L)... Ctrl+L
曲线(U)... Ctrl+M
曝光度(E)...
自然饱和度(V)...
色相/饱和度(H)... Ctrl+U
色彩平衡(B)... Ctrl+B
黑白(K)... Alt+Shift+Ctrl+B
照片滤镜(F)...
通道混合器(X)...
颜色查找...
反相(I) Ctrl+I
色调分离(P)...
阈值(T)...
渐变映射(G)...
可选颜色(S)...
阴影/高光(W)...
HDR 色调...
去色(D) Shift+Ctrl+U
匹配颜色(M)...
替换颜色(R)...
色调均化(Q)

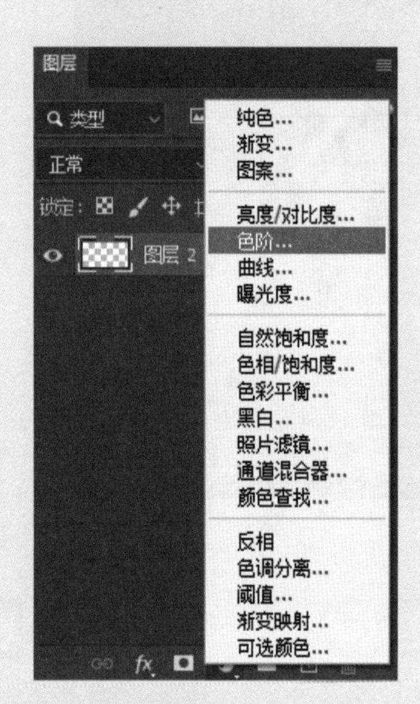

图2-50　调色命令和调整图层菜单

常用的色彩调整命令包括亮度 / 对比度、色阶、曲线、曝光度、自然饱和度、色相 / 饱和度、色彩平衡、黑白、照片滤镜、通道混合器、颜色查找、反相、色调分离、阈值、渐变映射和可选颜色等，一般建议使用“图层”面板中的调整图层来实现调整图像颜色的操作，因为这样的操作不会破坏原始图像的色彩。

在调整图像颜色时，通常需要按照以下的工作流程进行。

步骤01：使用直方图检查图像的品质和色调范围。

步骤02：使用调整图层的方法操作，不会破坏原始图像的信息。

步骤03：调整“色彩平衡”以移去不需要的色痕或者校正过度饱和或不饱和的颜色。

步骤04：使用“色阶”或“曲线”调整色调范围。

步骤05：锐化图像边缘。

下面介绍具体的调整方法。

2.8.1　色阶

“色阶”通过为单个颜色通道设置像素分布来调整色彩平衡，具体的操作如下。

步骤01：执行“文件”→“打开”命令，选择素材并打开，如图2-51所示。

步骤02：在“图层”面板中单击“创建新的填充或调整图层”按钮，选择“色阶”选项，添加“色阶”调整图层，如图2-52所示。

图2-51　打开素材

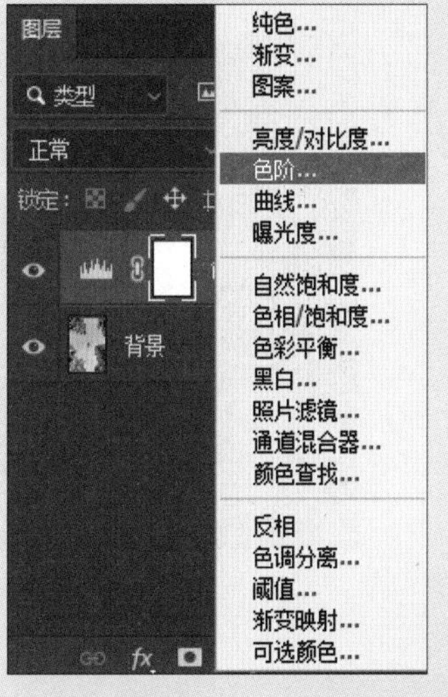

图2-52　添加“色阶”调整图层

步骤03：在“属性”面板中调整色阶分布，如图2-53所示，调整后的效果如图2-54所示。

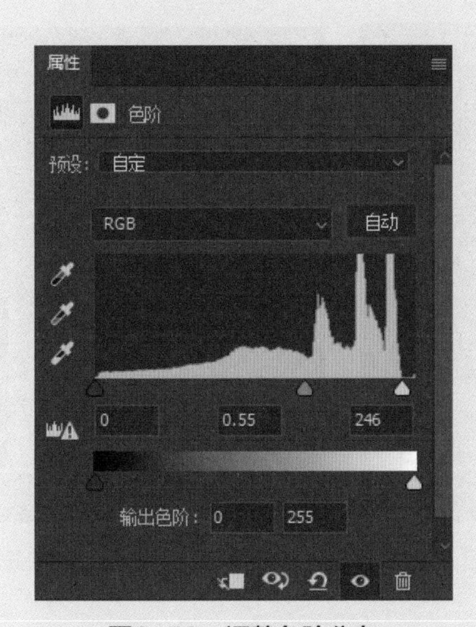

图2-53　调整色阶分布

图2-54　调整后的效果

2.8.2　曲线

“曲线”针对单个通道，为高光、中间调和阴影最多提供 14 个锚点，调整锚点的位置改变曲线的形态，最终调整相应图像的颜色分布，具体的操作如下。

步骤01： 执行“文件”→“打开”命令，选择素材并打开，如图2-55所示。

图2-55　打开素材

步骤02： 在“图层”面板中单击“创建新的填充或调整图层”按钮，选择“曲线”选项，如图2-56所示。

步骤03： 选中RGB曲线，并调整曲线形态，如图2-57所示。

步骤04： 选择“蓝”通道，并调整曲线形态，如图2-58所示。

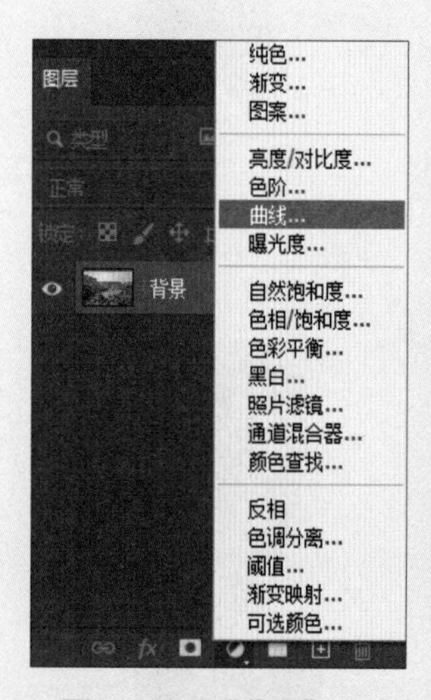

图2-56　“曲线”选项

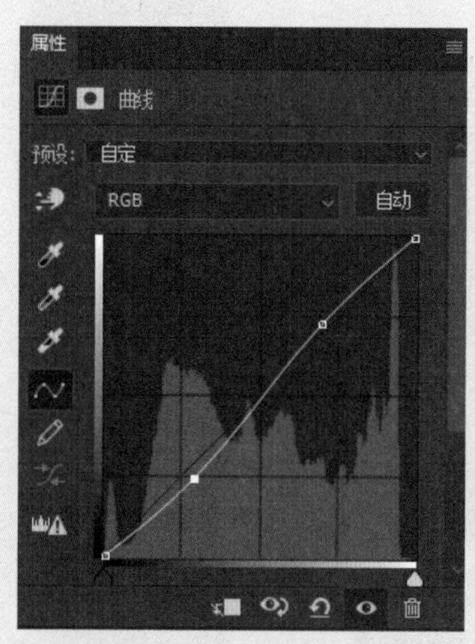

图2-57　调整RGB曲线

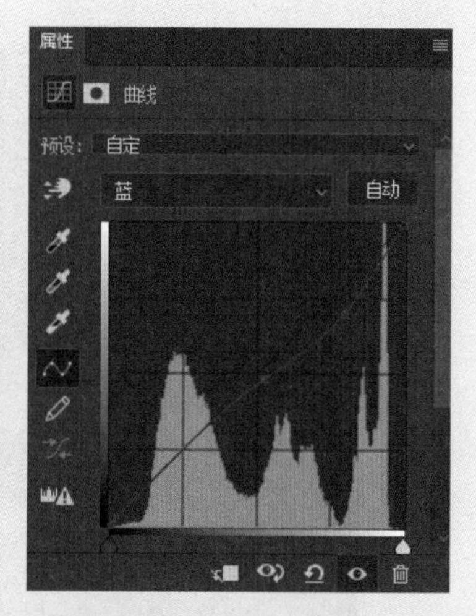

图2-58　调整蓝色曲线

调整后的效果如图 2-59 所示。

图2-59　调整后的效果

2.8.3　色彩平衡

“色彩平衡”用于更改图像中颜色的混合效果，具体的操作如下。

步骤01：执行“文件”→“打开”命令，选择素材并打开，如图2-60所示。

图2-60　打开素材

步骤02：在“图层”面板中单击“创建新的填充或调整图层”按钮，选中“色彩平衡”选项，如图2-61所示。

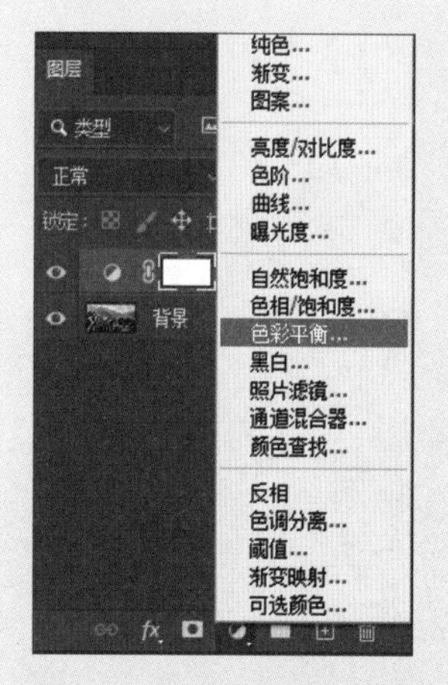

图2-61 “色彩平衡”选项

步骤03：在“属性”面板中调整高光、中间调和阴影的参数，如图2-62所示。

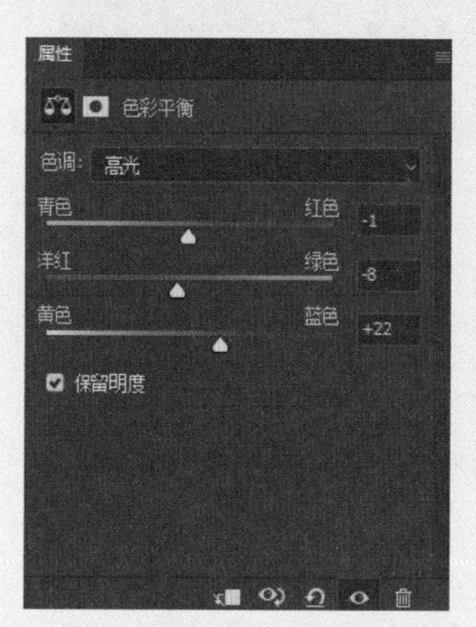

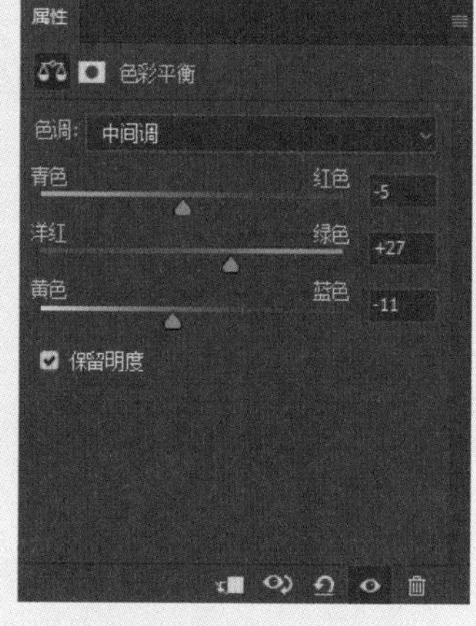

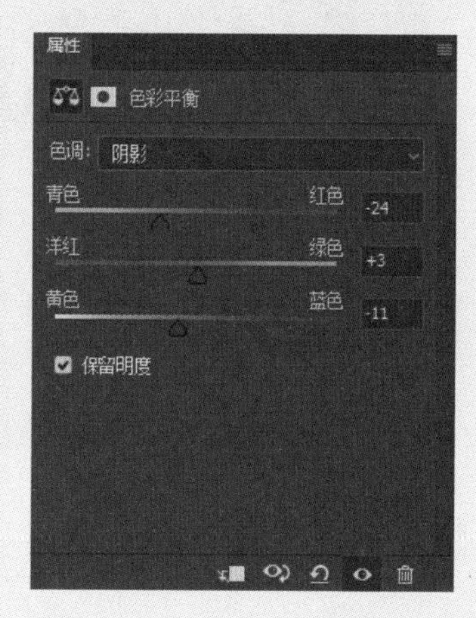

图2-62 调整参数

调整后的效果如图 2-63 所示。

图2-63 调整后的效果

2.8.4 色相 / 饱和度

“色相 / 饱和度”可以调整整个图像或单个颜色分量的色相、饱和度和亮度值，具体的操作如下。

步骤01：执行“文件”→“打开”命令，选择素材并打开，如图2-64所示。

图2-64 打开素材

步骤02：在“图层”面板中单击“创建新的填充或调整图层”按钮，选择“色相/饱和度”选项，如图2-65所示。

步骤03：在“属性”面板中调整“色相”和“饱和度”参数，如图2-66所示。

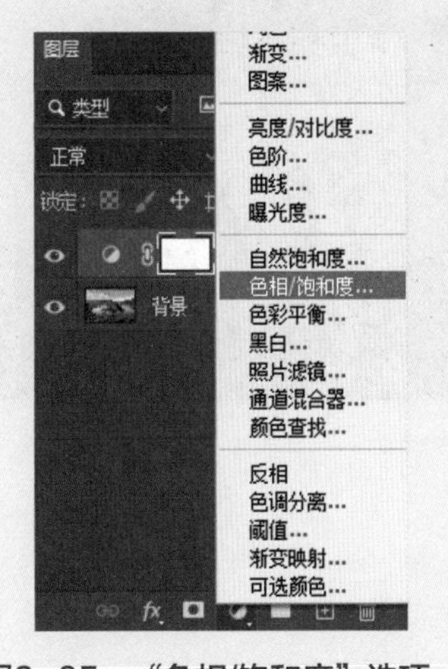

图2-65 “色相/饱和度”选项

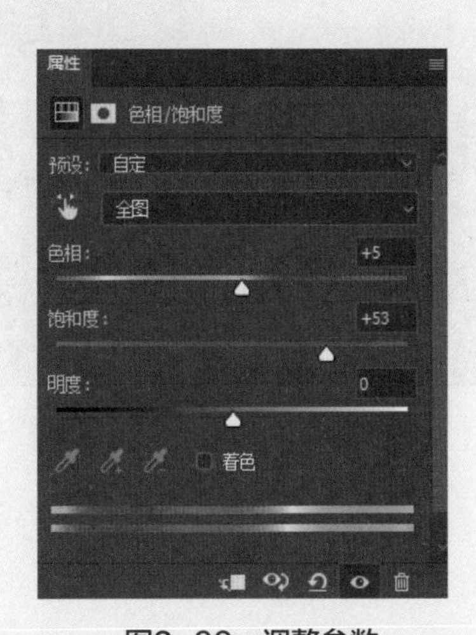

图2-66 调整参数

步骤04：分别调整绿色、青色和蓝色的参数，如图2-67所示。

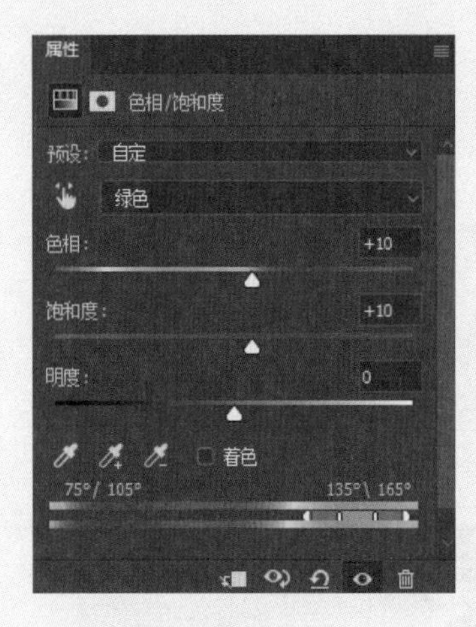

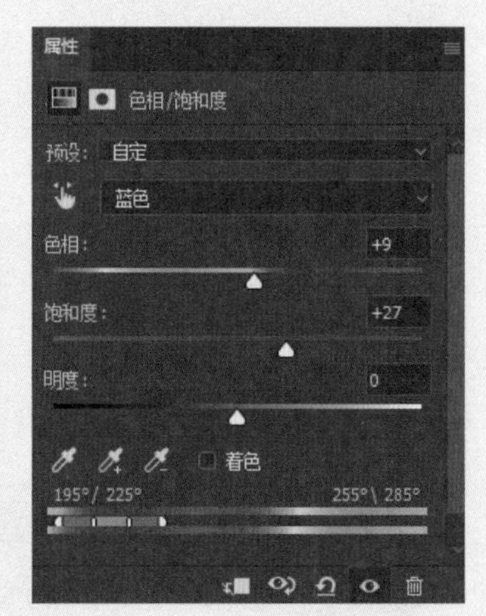

图2-67　调整参数

调整后的效果如图 2-68 所示。

图2-68　调整后的效果

2.8.5 可选颜色

“可选颜色”用于调整单个颜色分量的印刷色数量，具体的操作如下。

步骤01：执行“文件”→“打开”命令，选择素材并打开，如图2-69所示

图2-69 打开素材

步骤02：在“图层”面板中单击“创建新的填充或调整图层”按钮，选择“可选颜色”选项，如图2-70所示。

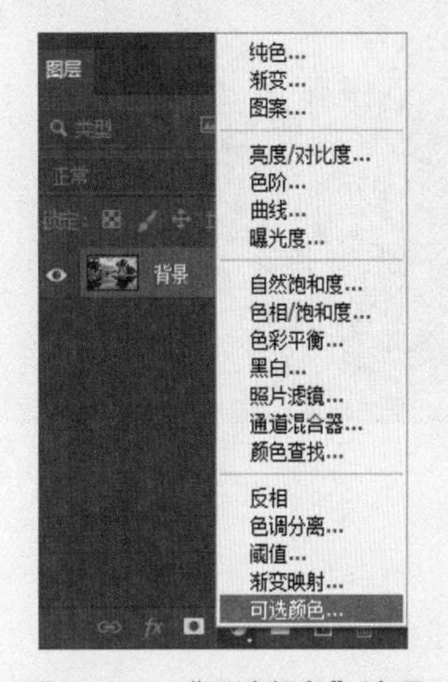

图2-70 “可选颜色”选项

步骤03：在“属性”面板中，调整“红色”“黄色”和“中性色”参数，如图2-71所示。

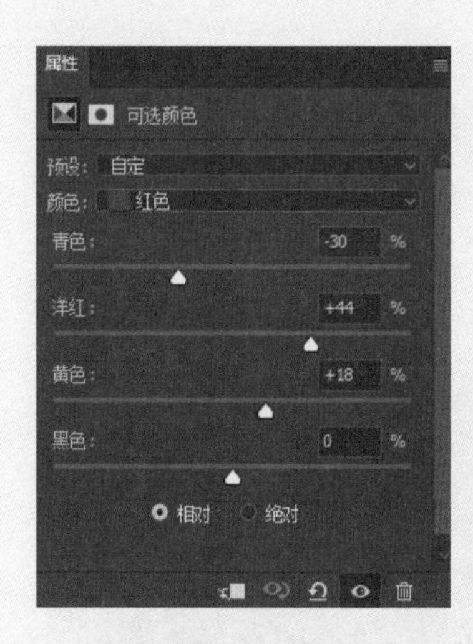

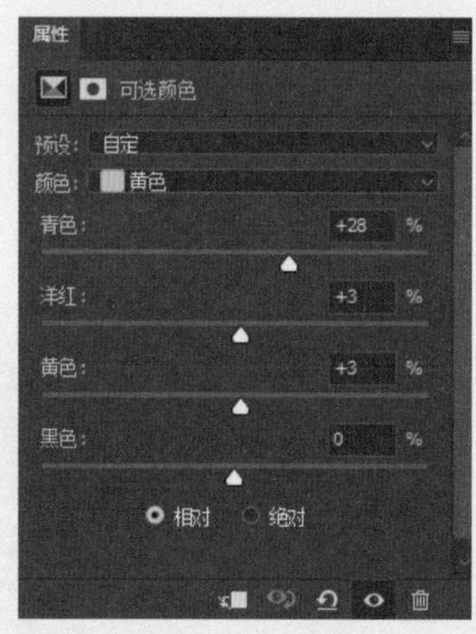

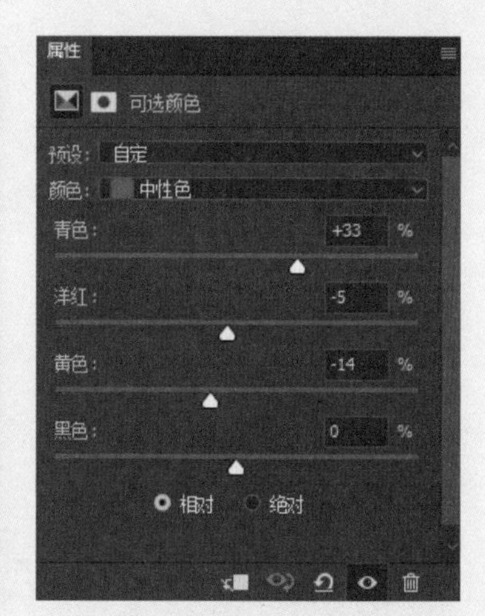

图2-71　调整参数

调整后的效果如图 2-72 所示。

图2-72　调整后的效果

2.9 抠图

Photoshop 的抠图功能非常强大，主要包括矩形选框工具抠图、椭圆选框工具抠图、套索工具抠图、对象选择抠图、快速选择抠图、魔棒抠图等。

"矩形选框工具"和"椭圆选框工具"主要针对规则形状的图像抠图，如门窗等规则的物体，选框工具组如图 2-73 所示。

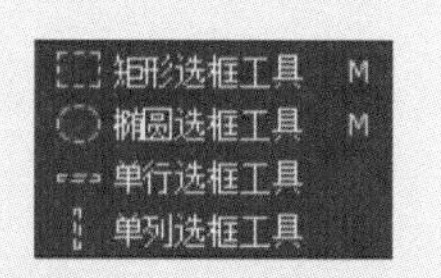

图2-73　选框工具组

套索工具组包括"套索工具""多边形套索工具"和"磁性套索工具"，如图 2-74 所示。

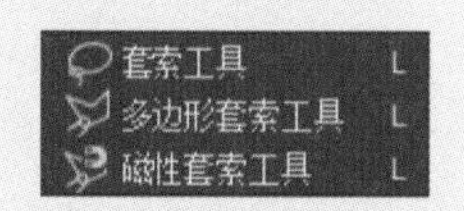

图2-74　套索工具组

对象选择工具组包括"对象选择工具""快速选择工具"和"魔棒工具"，如图 2-75 所示。

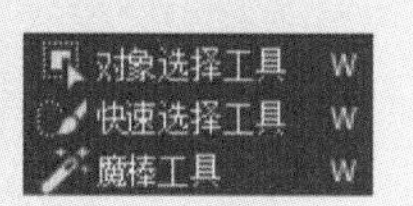

图2-75　对象选择工具组

选择"魔棒工具"或者"快速选择工具"，在属性栏中会显示"选择主体"和"选择并遮住"按钮，如图 2-76 所示。

图2-76　"魔棒工具"或者"快速选择工具"属性栏

使用"对象选择工具""快速选择工具"或"魔棒工具"，在 Photoshop 中快速建立选区，也就是定义一个可以进一步编辑的区域。属性栏中的"选择主体"和"选择并遮住"按钮可以对图像进行增强，对抠图的细节处理十分有帮助。

2.9.1　使用套索工具抠图

套索工具组中的工具主要用于徒手定义选区，其中包括"套索工具""多边形套索工具"和"磁性套索工具"。选择 "多边形套索工具"，其属性栏中包括"新选区""添加到现有选区""从现有选区减去"或"与现有选区交叉"4 个运算按钮，还包括"羽化"文本框和"消除锯齿"复选框，如图 2-77 所示。

图2-77　"多边形套索工具"属性栏

下面讲述使用"多边形套索工具"进行抠图的操作方法。

步骤01：执行"文件"→"打开"命令，选择素材并打开，如图2-78所示。

图2-78　打开素材

步骤02： 选择“多边形套索工具”，按快捷键Ctrl++放大图片，沿着鞋子的轮廓绘制选区，如图2-79所示。

图2-79　绘制选区

步骤03： 绘制好选区后，在“图层”面板中单击“添加图层蒙版”按钮，如图2-80所示。

步骤04： 新建颜色填充图层，设置颜色为白色，并将该图层拖至底部，如图2-81所示。

图2-80　添加蒙版

图2-81　新建图层

抠图后的效果如图 2-82 所示。

图2-82　抠图后的效果

2.9.2　运用对象选择工具抠图

使用“对象选择工具”可以简化选择单个对象或图像中的某个部分（人物、汽车、家具、动物、衣服等）的过程，只需要在选择的图像部分周围定义一个区域，软件就会自动选择已定义区域内的对象，但是该对象需要和图像背景具有一定的反差，否则将无法准确选中，具体的操作如下。

步骤01：执行“文件”→“打开”命令，选择素材并打开，如图2-83所示。

步骤02：选择“对象选择工具”，在图像中框选植物，随后软件自动创建选区，如图2-84所示。

图2-83　打开素材

图2-84　自动生成的选区

步骤03：在属性栏中单击“选择并遮住”按钮，进入“选择并遮住”界面，如图2-85所示。

图2-85　选择并遮住界面

步骤04：选择“调整边缘画笔工具”，在植物边缘涂抹，如图2-86所示。

图2-86　涂抹边缘

步骤05：在右侧的属性栏中调整“对比度”值为20%，在“输出到”下拉列表中选择“新建带有图层蒙版的图层”选项，如图2-87所示。

步骤06：在“图层”面板中新建白色填充图层，并移至抠图素材图层的下方，如图2-88所示。

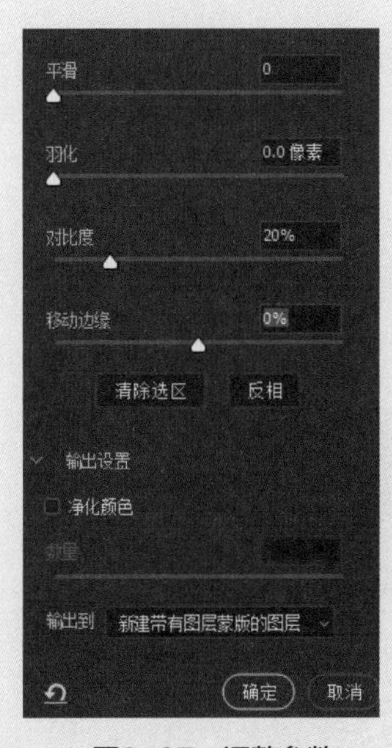

图2-87　调整参数

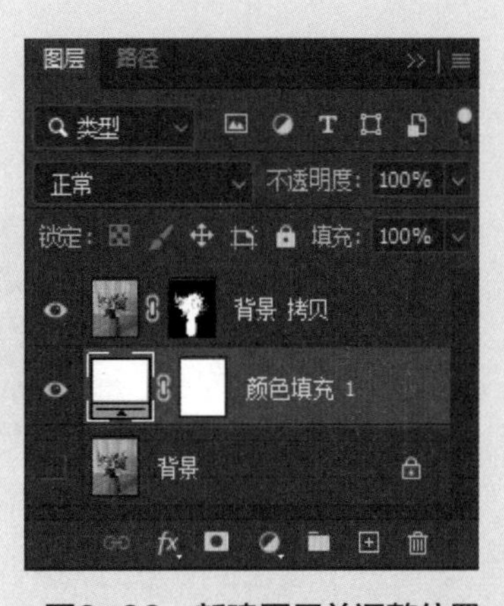

图2-88　新建图层并调整位置

抠图后的效果如图 2-89 所示。

图2-89　抠图后的效果

2.9.3　钢笔工具

钢笔工具组中包括“钢笔工具”“自由钢笔工具”“弯度钢笔工具”“添加锚点工具”“删除锚点工具”和“转换点工具”，如图 2-90 所示。

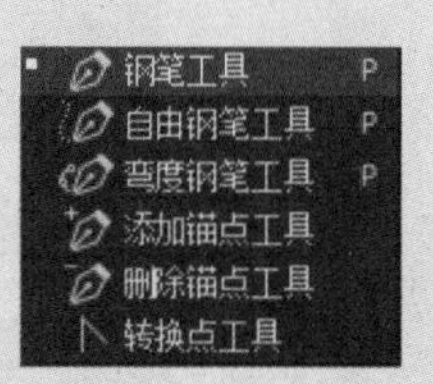

图2-90　钢笔工具组

选中“钢笔工具”后，在属性栏中可以设置绘制的图形是形状还是路径。“形状”是单独创建的形状图层；“路径”是在“路径”面板中的路径层。

步骤01：执行“文件”→“打开”命令，选择素材并打开，如图2-91所示。

图2-91　打开的素材

步骤02：选择“钢笔工具”，在属性栏中选择“路径”选项，如图2-92所示。

图2-92　属性栏

步骤03：在手表的边缘绘制路径，如图2-93所示。

图2-93　绘制路径

步骤04：在“路径”面板中选择“工作路径”图层，单击“将路径作为选区载入”按钮，将路径转换为选区，如图2-94所示。

步骤05：在“图层”面板中为该图层创建蒙版，如图2-95所示。

步骤06：在“图层”面板中创建颜色填充图层，并设置颜色为白色，如图2-96所示 。

图2-94　将路径转换为选区

图2-95　创建蒙版

图2-96　创建颜色填充图层

抠图后的效果如图 2-97 所示。

图2-97　抠图后的效果

第3章

店铺Logo与字效设计

本章将介绍店铺 Logo 和字效的设计方法，主要涉及如何使用“钢笔工具”和图层样式进行相关的操作。

本章学习目标

- 了解“钢笔工具”的使用技巧
- 掌握图层样式的使用方法

3.1 店铺 Logo 设计方法

本节将介绍店铺 Logo 的设计方法，我们以“东星未来”品牌为例，该品牌主要从事在线教育，设计要求为大气、简约、有视觉冲击力、醒目且易识别、突出行业品牌元素。DXWL 是“东星未来”的字母简称，但并不适合直接作为店铺 Logo。通过综合考虑决定以“东星”两个字的首字母——DX 进行设计尝试。

首先将 Logo 设计成圆形，将字母 D 概括为字母 O 的形状，将字母 X 拆分， 将其围绕着圆形进行调整，设计好的 Logo 效果如图 3-1 所示。

图3-1 店铺Logo

下面讲述具体的绘制过程。

步骤01：启动Photoshop，执行“文件”→“新建”命令，设置“宽度”和“高度”值均为2400像素，单击“创建”按钮新建文档。

步骤02：选择“椭圆”工具，设置绘制对象为“形状”，“描边”为红色，描边宽度为200像素，如图3-2所示。

图3-2 设置属性

步骤03：按住Shift键在画布中绘制一个正圆形，如图3-3所示。

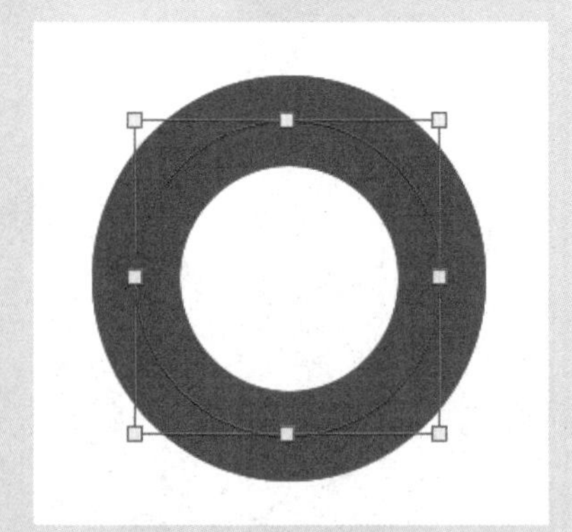

图3-3 绘制正圆形

步骤04：以正圆形为参考形状，在“图层”面板中选择“椭圆1”图层，单击“锁定”按钮，将该图层锁定，如图3-4所示。

步骤05：选择“钢笔工具”，在属性栏中选择“形状”选项，“填充”为黑色，如图3-5所示。

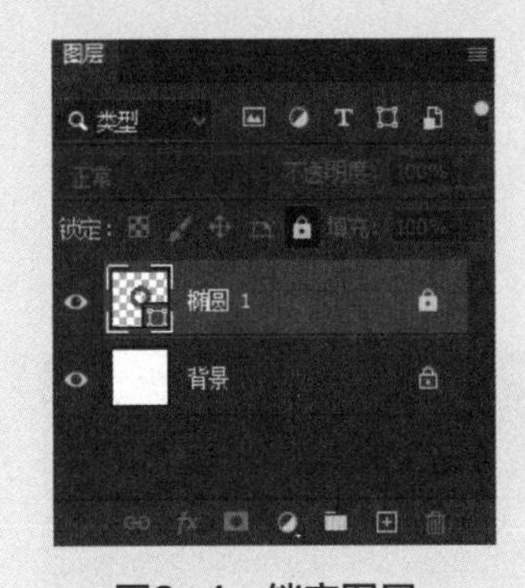

图3-4 锁定图层

图3-5 设置属性

步骤06：在画布中绘制如图3-6所示的图形。

步骤07：在“图层”面板中选中形状图层，并拖至“创建新图层”按钮上，复制该图层。按快捷键Ctrl+T，进行水平翻转和垂直翻转，如图3-7所示。

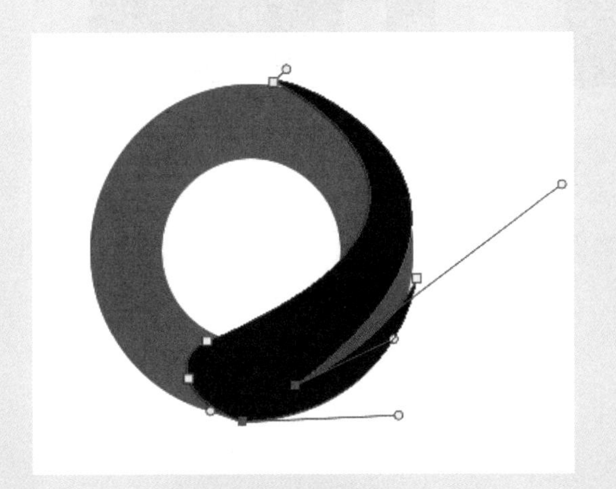

图3-6 绘制图形

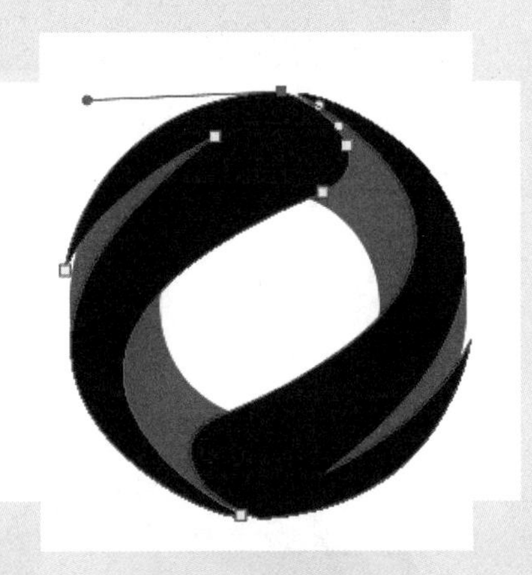

图3-7 翻转图形

步骤08：在“图层”面板中，隐藏“椭圆1”图层，如图3-8所示。

图3-8 隐藏图层后的效果

步骤09：在“图层”面板中，选中两个形状图层，按快捷键Ctrl+E，将两个图层合并为一个图层。

步骤10：新建图层，选择“渐变”工具，设置渐变颜色为蓝色。在画布中填充渐变颜色，如图3-9所示。

步骤11：在“图层”面板中选择“图层2”图层，执行“图层”→“创建剪贴蒙版”命令，创建剪贴蒙版，如图3-10所示。此时的绘制效果如图3-11所示。

图3-9　填充渐变颜色

图3-10　创建剪贴蒙版

步骤12：选择 “横排文字工具”，输入“东星未来”和DONGXINGWEILAI文本，并调整字体和字号，完成最终的绘制，如图3-12所示。

图3-11　创建剪贴蒙版后的效果

图3-12　添加文本后的效果

3.2 字效设计

本节介绍将文字图层转换为形状图层，并使用“直接选择工具”对文字路径进行调整，制作文字效果的方法。

3.2.1 路径调整

步骤01：启动Photoshop，新建文档，设置文档的宽度为800像素，高度为400像素。选择“横排文字工具”，设置文字大小为200，颜色为灰色，输入“全”文本，如图3-13所示。

步骤02：采用同样的方法，再输入“民”“疯”“抢”文本，并调整文字的位置，如图3-14所示。每个文字都在一个单独的图层，此时的“图层”面板如图3-15所示。

图3-13 输入文本

图3-14 输入文本并调整位置

步骤03：在“图层”面板中选中“全”图层，执行“文字”→“转换为形状”命令，将文字转换为路径，如图3-16所示。

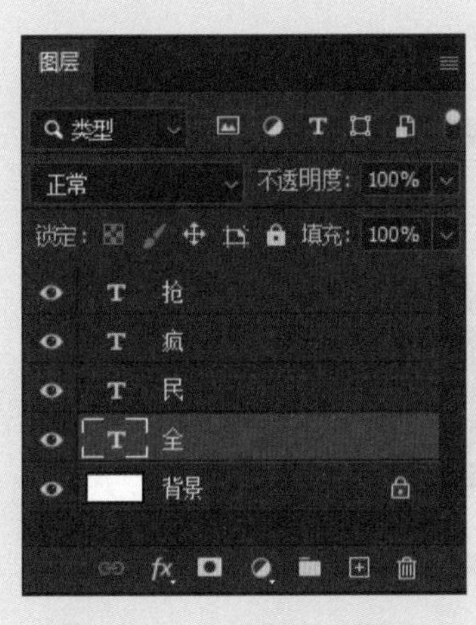

图3-15 “图层”面板

图3-16 文字转换为路径

步骤04：选择“直接选择工具” ，调整“全”字各锚点的位置，如图3-17所示。

图3-17 调整“全”字锚点的位置

步骤05：选中“民”图层，执行“文字”→“转换为形状”命令，将文字转换为路径。

步骤06：选择“直接选择工具”，调整“民”字各锚点的位置，如图3-18所示。

图3-18 调整“民”字锚点的位置

步骤07：选中“疯”图层，执行“文字”→“转换为形状”命令，将文字转换为路径。

步骤08：选择“直接选择工具”，调整“疯”字各锚点的位置，如图3-19所示。

图3-19 调整“疯”字锚点的位置

步骤09：选中“抢”图层，执行“文字”→“转换为形状”命令，将文字转换为路径。

步骤10：选择“直接选择工具”，调整“抢”字各锚点的位置，如图3-20所示。

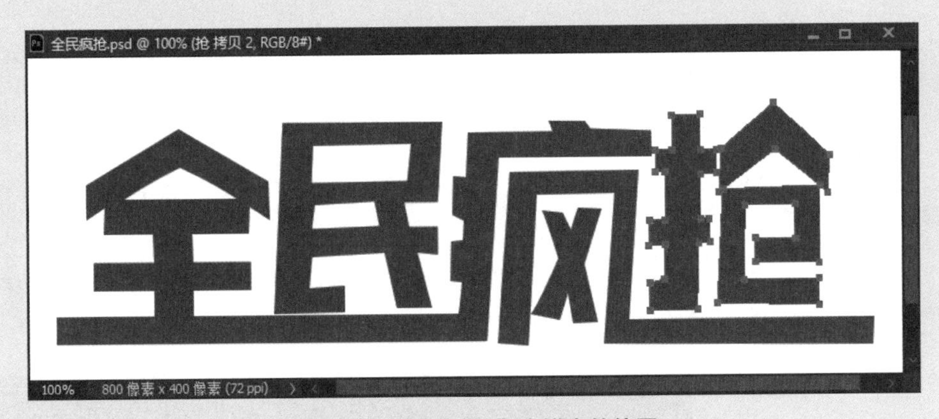

图3-20　调整“抢”字锚点的位置

步骤11：在“图层”面板中选中4个文字图层，如图3-21所示，按快捷键CtrL+E合并图层。

步骤12：选择“矩形工具”，在属性栏中选择“形状”选项，在“民”字上方绘制一个矩形，如图3-22所示。

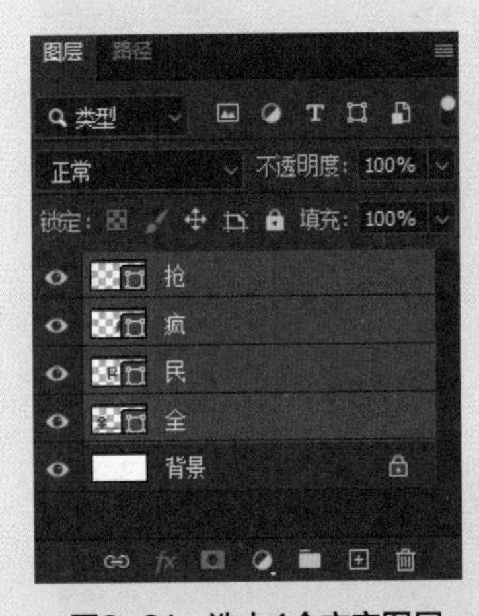

图3-21　选中4个文字图层

图3-22　绘制矩形

步骤13：选择矩形图层和文字图层，按快捷键Ctrl+E合并图层。选择“路径选择工具”选中矩形，在属性栏中选择“减去顶层形状”选项，如图3-23所示。调整后的文字效果如图3-24所示。

图3-23　减去顶层形状

图3-24　文字效果

3.2.2 图层样式

本小节介绍图层样式的使用方法，图层样式包括“斜面和浮雕”“描边”“内阴影”“内发光”“光泽”“颜色叠加”“渐变叠加”“图案叠加”“外发光”和“投影”。下面使用“斜面和浮雕”和“渐变叠加”样式，继续为上一节制作的文字添加效果，具体操作步骤如下。

步骤01：在“图层”面板中选择文字图层，单击“添加图层样式”按钮 fx ，在弹出的菜单中选择“斜面和浮雕”选项，如图3-25所示。

步骤02：打开“图层样式”对话框，并进入“斜面和浮雕”选项区域，按照如图3-26所示设置参数。

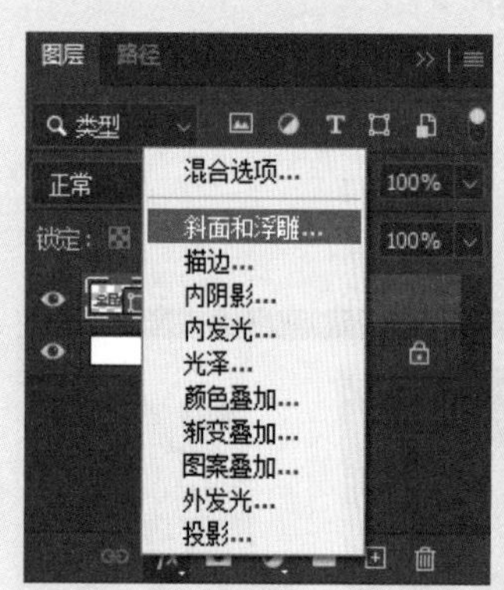

图3-25 添加图层样式

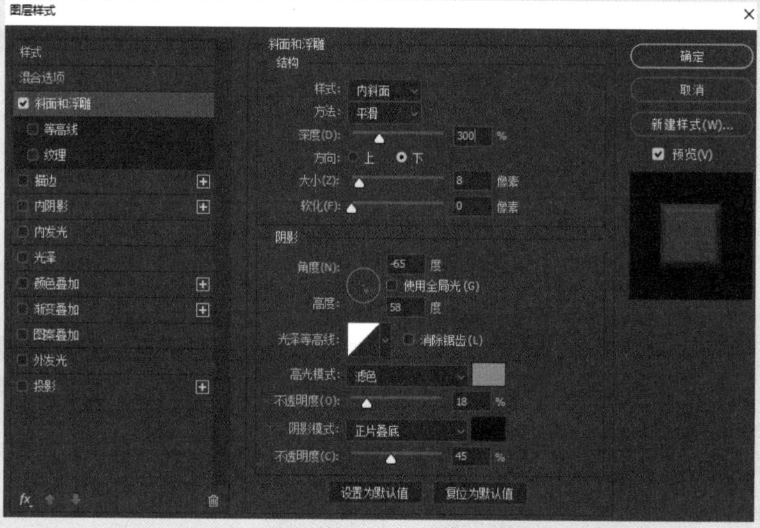

图3-26 “图层样式”对话框

步骤03：在左侧选中“渐变叠加”复选框，并进入该选项区域，单击渐变图标，打开“渐变编辑器”对话框，选中如图3-27所示的渐变预设。

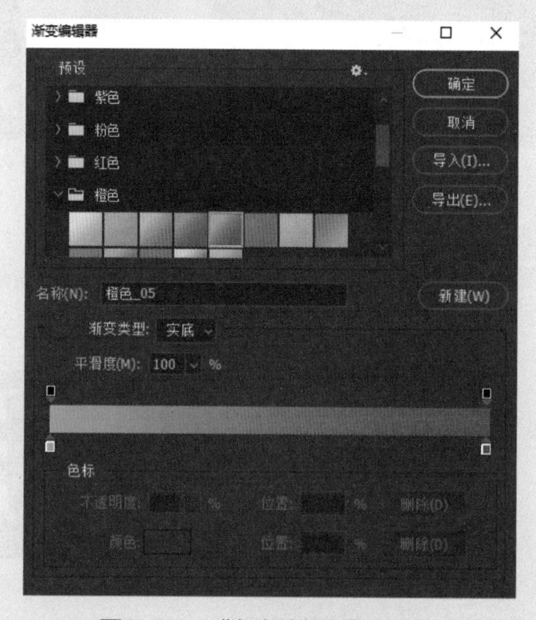

图3-27 “渐变编辑器”对话框

步骤04：单击“确定”按钮，回到“图层样式”对话框，调整“角度”为-90度，如图3-28所示。

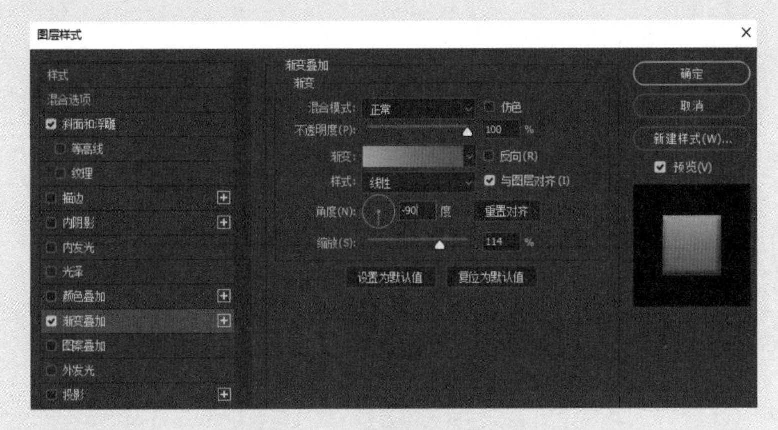

图3-28　调整渐变叠加参数

步骤05：单击“确定”按钮，添加图层样式后的文字效果如图3-29所示。

图3-29　添加图层样式后的文字效果

第4章

产品主图设计

本章将介绍网店产品主图设计的方法和技巧，以及直通车产品主图的设计方法，从中系统掌握Photoshop 的形状工具、形状元素和图层样式的使用方法。

本章学习目标

- 熟练掌握形状工具的使用方法
- 了解形状工具之间的计算方法
- 熟练掌握图层样式、渐变的使用方法

4.1 产品主图设计

本节介绍网店产品主图的制作方法，具体操作如下。

步骤01：启动Photoshop，执行“文件”→“新建”命令，打开“新建文档”对话框，设置“宽度”和“高度”值均为800，“分辨率”值为72，单击“创建”按钮新建文档。

步骤02：在“图层”面板中，单击“新建图层”按钮创建新图层。在工具箱中选择“渐变工具”，并在“渐变编辑器”对话框中设置渐变颜色，如图4-1所示。

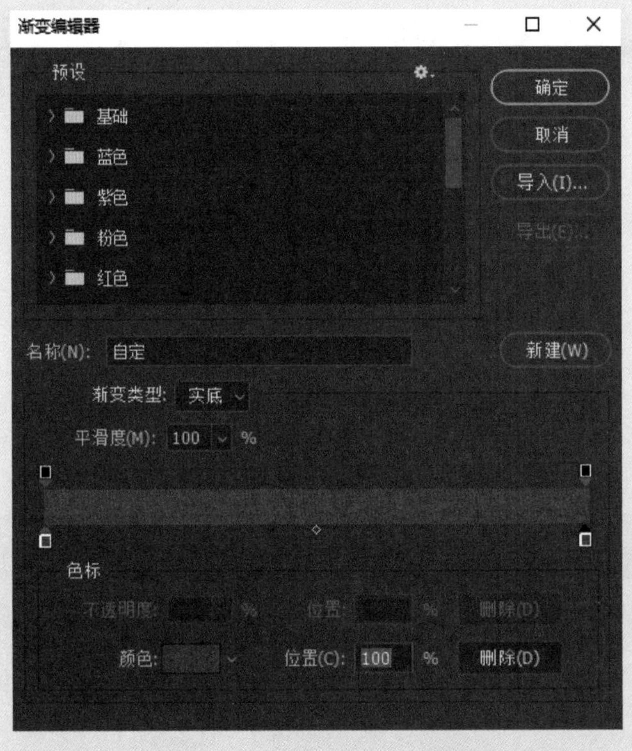

图4-1 “渐变编辑器”对话框

步骤03：在“图层”面板中选中“图层1”，在画布上单击拖曳填充渐变颜色，如图4-2所示。

图4-2 填充渐变颜色

步骤04：选择“矩形工具”，属性中选择“形状”，填充为“白色”，描边关闭，圆角大小设置为20像素，如图4-3所示。

图4-3 设置属性

步骤05：在画布中绘制一个白色的圆角矩形，如图4-4所示。

步骤06：再次选择“矩形工具”，填充颜色设置为“灰色”，在文档中绘制一个矩形，如图4-5所示。

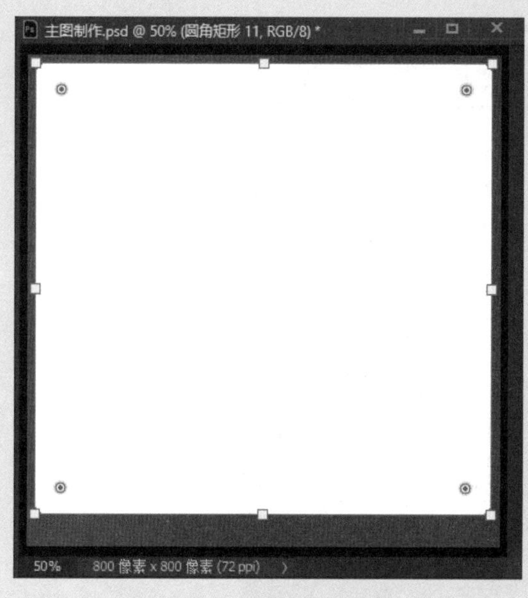

图4-4 绘制白色圆角矩形

图4-5 绘制灰色圆角矩形

步骤07：在“图层”面板中，选择两个圆角矩形图层，按快捷键Ctrl+E合并图层。选择灰色图形，在属性栏中选择“减去顶层形状”选项，如图4-6所示，此时的效果如图4-7所示。

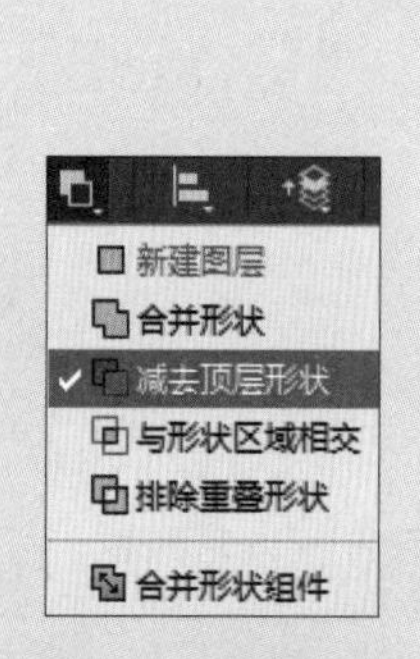

图4-6 路径运算

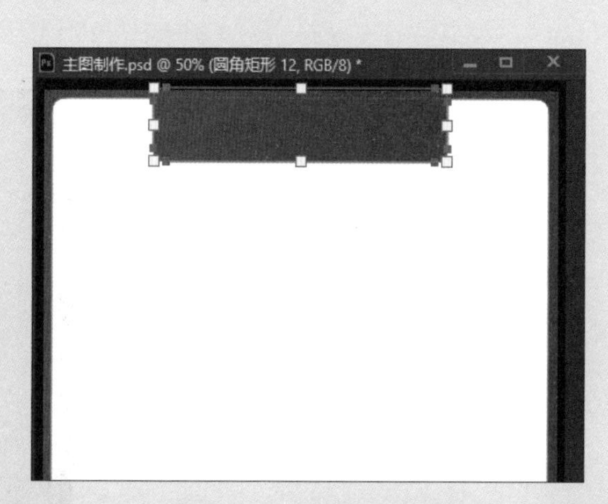

图4-7 计算后的图形效果

步骤08：在属性栏中选择“合并形状组件”选项，如图4-8所示，弹出Adobe Photoshop对话框，如图4-9所示。

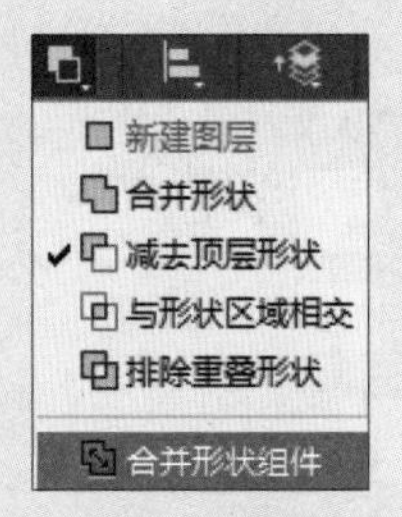

图4-8 合并形状组件

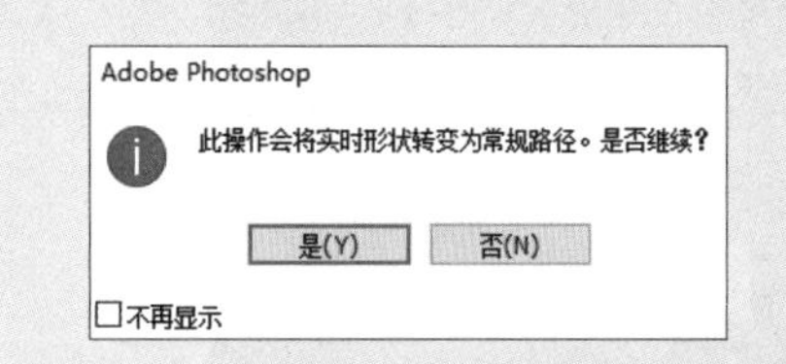

图4-9 Adobe Photoshop对话框

步骤09：单击“是”按钮合并图形，如图4-10所示。

步骤10：使用“直接选择工具”和“转换点工具”，调整路径中锚点的位置，调整后的效果如图4-11所示。

图4-10 合并后的效果

图4-11 调整形状

步骤11：打开“空气炸锅素材”素材，并拖至当前操作的文档中。在“图层”面板中选择空气炸锅素材图层，执行“图层”→“创建剪贴蒙版”命令，为该图层创建剪贴蒙版，如图4-12所示。

步骤12：打开“烤鸡”素材，并拖至当前操作的文档中。在“图层”面板中选择炸鸡素材图层，执行“图层”→“创建剪贴蒙版”命令，为该图层创建剪贴蒙版，如图4-13所示。

图4-12 创建空气炸锅素材剪贴蒙版

图4-13 创建炸鸡素材剪贴蒙版

步骤13：选择“移动工具”，将烤鸡素材移至画布的左下角，如图4-14所示。

步骤14：选择“矩形工具”，在属性栏中设置颜色为黑色，在画布中绘制矩形，如图4-15所示。

图4-14 移动素材位置

图4-15 绘制矩形

步骤15：选择形状图层，添加图层样式，设置渐变的颜色为紫色渐变，如图4-16所示。

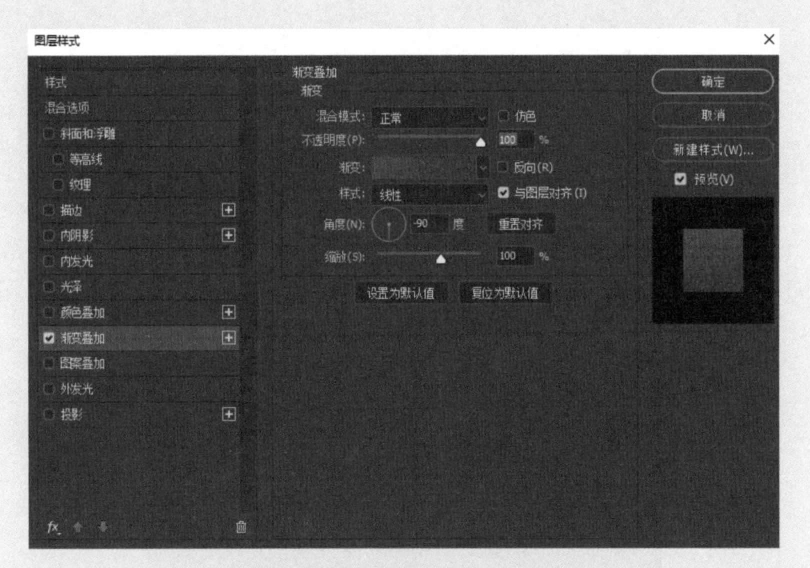

图4-16　“图层样式”对话框

步骤16：单击“确定”按钮添加图层样式，如图4-17所示。

步骤17：选择“横排文字工具”，输入文本“6.5升大容量”，如图4-18所示。

图4-17　添加图层样式

图4-18　输入文本

步骤18：选择“钢笔工具”，在属性栏中选择“形状”选项，设置颜色为白色，在画布右下角绘制如图4-19所示的图形。

步骤19：在“图层”面板中选中刚刚绘制的形状图层，并添加“渐变叠加”图层样式，如图4-20所示。

图4-19　绘制图形

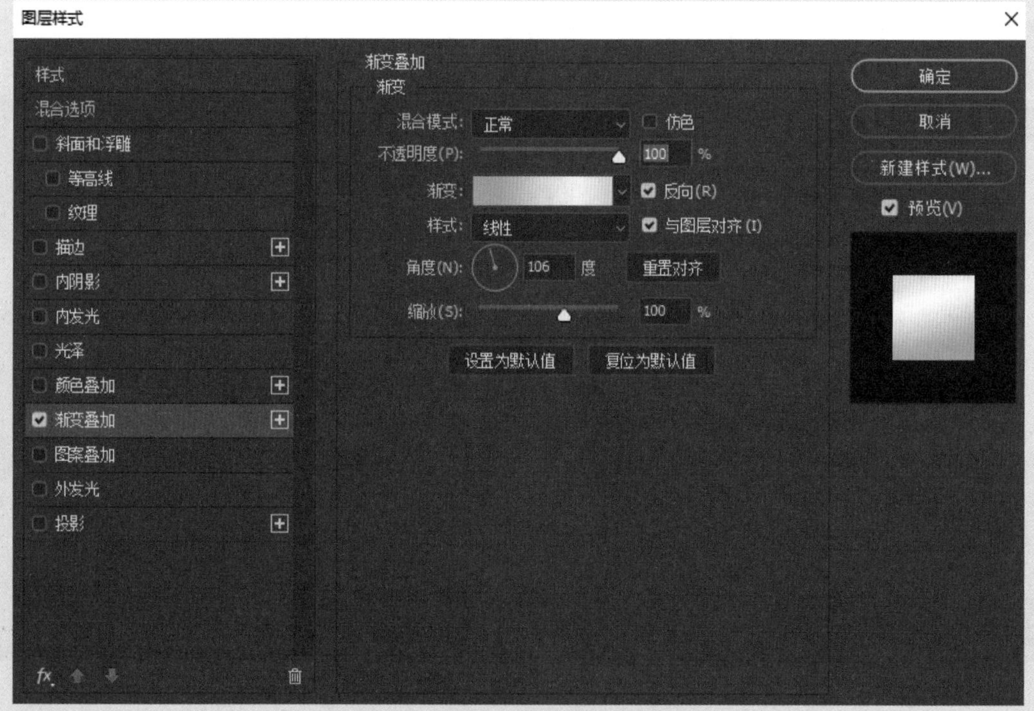

图4-20　添加“渐变叠加”图层样式

步骤20： 单击“确定”按钮添加图层样式，如图4-21所示。

步骤21： 选择“文字工具”，输入文字“划算节到手价　199”，调整文字的大小，如图4-22所示。

图4-21　渐变叠加的效果

图4-22　输入文本

步骤22：选择“横排文字工具”，在画布中输入“天猫划算节”文本，如图4-23所示。

步骤23：选择“钢笔工具”，在属性栏中选择“形状”选项，绘制如图4-24所示的图形，并添加“渐变叠加”图层样式。

图4-23　输入文本

图4-24　绘制图形

步骤24：选择“横排文字工具”，输入文本“全景大视窗|可视自动搅拌”，如图4-25所示。

步骤25：执行“文件”→“存储”命令，保存文档，这样就完成了产品主图的制作。

图4-25　输入文本

4.2 直通车主图制作

本节介绍直通车主图制作的流程，具体的操作如下。

步骤01：启动Photoshop，新建文档，设置“宽度”和“高度”均为800像素，“分辨率”值为72，单击“创建”按钮创建新文档。

步骤02：打开“背景”素材，拖至当前文档中，如图4-26所示。

步骤03：打开“摄像头”素材，并拖至当前文档中。选择“移动工具”调整“摄像头”素材到合适的位置，如图4-27所示。

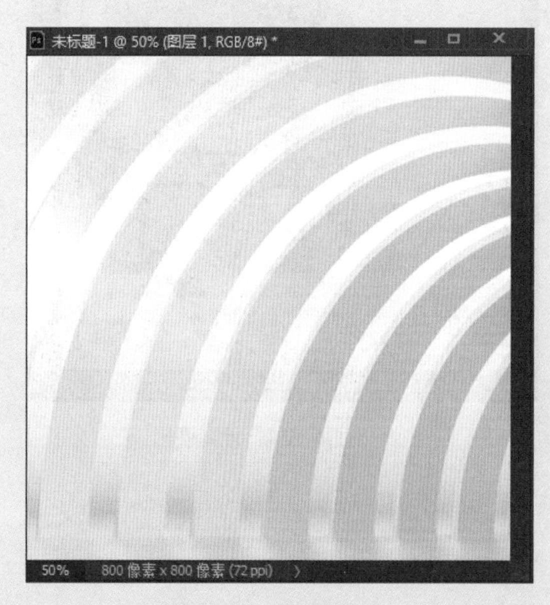

图4-26　背景图

图4-27　调整“摄像头”素材的位置

步骤04：选择文字工具，字体“大小”为75，字体颜色为“黑色”，输入文本“爆售35”，选择文字“35”，修改文字大小为130，字体为Impact，调整后文字如图4-28所示。

步骤05：选择“直排文字工具”，输入文本“万台”，文字大小为50，字体颜色为黑色，如图4-29所示。

图4-28　输入文本并调整字体和字号

图4-29　输入直排文本并调整字体和字号

步骤06：在“图层”面板中，选择两个文字图层，按快捷键Ctrl+G，将图层编组，如图4-30所示。

步骤07：在“图层”面板中选中“组1”，为该图层组添加“渐变叠加”图层样式，并调整为如图4-31所示的渐变。

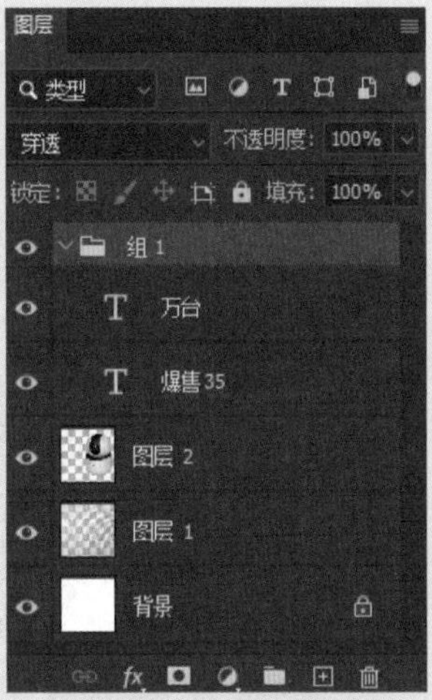

图4-30　图层编组

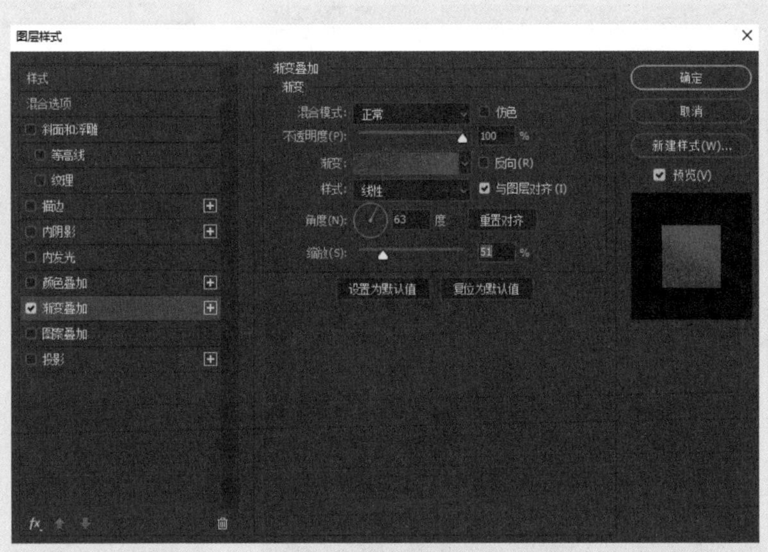

图4-31　“图层样式”对话框

步骤08：单击“确定”按钮，为图层组添加“渐变叠加”图层样式，如图4-32所示，添加后的效果如图4-33所示。

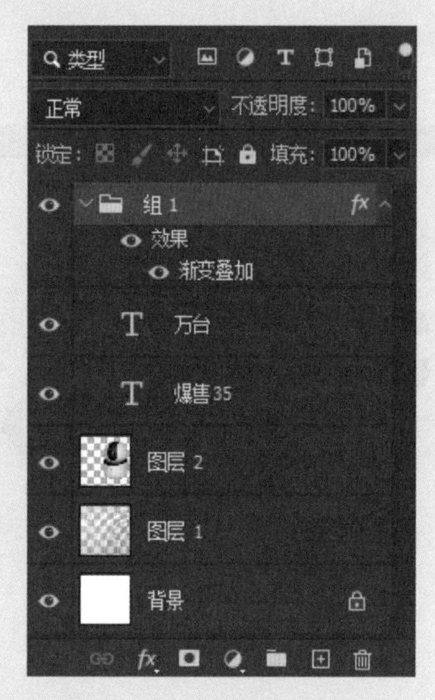

图4-32　添加图层样式

图4-33　添加图层样式后的效果

步骤09：选择“横排文字工具”，在画布中输入“400万像素”，设置文字大小为65点，字体为“阿里巴巴普惠体”，如图4-34所示。

步骤10：在“图层”的“组1”上右击，在弹出的快捷菜单中选择“拷贝图层样式”选项，在“400万像素”图层上右击，在弹出的快捷菜单中选择“粘贴图层样式”选项，将图层样式粘贴到文字图层上，如图4-35所示。

图4-34　输入文本

图4-35　复制图层样式

步骤11：选择“横排文字工具”，输入文本“双向清晰通话”，设置文字大小为40点，如图4-36所示。

步骤12：选择“直线工具”，描边为“紫色”，粗细为2像素，绘制两条直线，如图4-37所示。

图4-36　输入文本

图4-37　绘制直线

步骤13：选择“矩形工具”，在属性栏中选择“形状”选项，填充为紫色渐变，如图4-38所示。

步骤14：在画布中绘制矩形，如图4-39所示。

图4-38　设置渐变颜色

图4-39　绘制矩形

步骤15：选择“钢笔工具”，在属性栏中选择“形状”选项，设置颜色为红色，在画布上绘制一个梯形，如图4-40所示。

步骤16：继续使用“钢笔工具”绘制一个三角形，并将该图形移至紫色渐变矩形的后面，效果如图4-41所示。

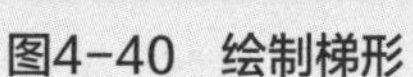
图4-40　绘制梯形

图4-41　绘制三角形

步骤17：选择“文字工具”，字体颜色为白色，输入文本”￥169”，如图4-42所示。

步骤18：选择“文字工具”，字体颜色为“白色”，输入文本“下单赠送128G卡”，如图4-43所示。

图4-42　输入文本

图4-43　设置字号并输入文本

步骤19：执行“文件”→“ 保存”命令，将文档保存为PSD格式。

步骤20：执行“文件”→“导出”→“存储为Web所用格式”命令，在弹出的“存储为Web所用格式”对话框中，选择格式为JPEG，“品质”值为100，如图4-44所示。

图4-44 “存储为Web所用格式”对话框

步骤21：单击“存储”按钮，保存JPEG文件，到此完成直通车主图的制作。

第5章

详情页设计

详情页是一个网店商品的主要展示空间，所有的产品描述、性能、细节等都要在其中展示清楚，本章将以多个案例的形式，介绍详情页的制作方法。

本章学习目标

- 熟练掌握详情页的制作方法

5.1 详情页设计思路

在网店设计工作中，详情页的设计是对文案、卖点进行视觉提炼、视觉表达的过程，需要把一个产品的卖点、特色通过视觉流畅地传达给买家，减少其阅读文字的时间成本、提升视觉带给买家的整体感受。

在设计详情页时，需要将产品的品牌要素、商品要素、服务要素和营销要素结合起来，才能达到近乎完美的营销效果。

1. 品牌要素：需要在商品详情页中展示品牌特征，包括商家的信誉水平、商家的认证资质、服务评价和商品品质等。

2. 商品要素：包括商品的标题、图片、规格、库存、功效、工艺、使用场景，需要向买家传递商品的价值。

3. 服务要素：服务至上是建立消费者购物信任度的关键，只有商品附带丰富的、高质量的服务，才能让买家感知销售服务的质量水平，进一步提高购买商品的信心。

4. 营销要素：主要指商品的促销活动与优惠力度，常见的营销信息包括优惠信息、赠品、促销信息等。

商品详情页让买家对商品的了解由浅入深，由不信任到产生购买兴趣，从而逐渐影响买家对商品的认知，如图 5-1 所示。

图5-1　详情页

5.2 淘宝详情页制作

详情页看似是一个整体，其实它是由多个模块组成的，本节就按照不同模块介绍详情页的制作方法。

5.2.1 广告模块

本小节介绍详情页中广告模块的制作方法。当买家进入商品详情页时，首屏的信息对于买家非常重要，所以详情页的首屏一般设计为商品的广告模块，用吸引人的产品图片和文案，引导买家下单购买，具体操作步骤如下。

步骤01：启动Photoshop，新建宽度为790像素，高度为10000像素，分辨率为72像素/英寸的文档。

步骤02：选择“矩形工具”，在属性栏中选择“形状”选项，设置填充颜色为灰色，并关闭描边，如图5-2所示。

图5-2 设置属性

步骤03：在画布中绘制一个高度为570像素，宽度为790像素的矩形，如图5-3所示。

步骤04：打开“素材1”文件，并拖至当前文档中。按快捷键Ctrl+T调整图片大小，选择“素材1”图层，执行“图层”→“创建剪贴蒙版”命令，如图5-4所示，此时素材图片只显示在矩形框内。

图5-3 绘制矩形

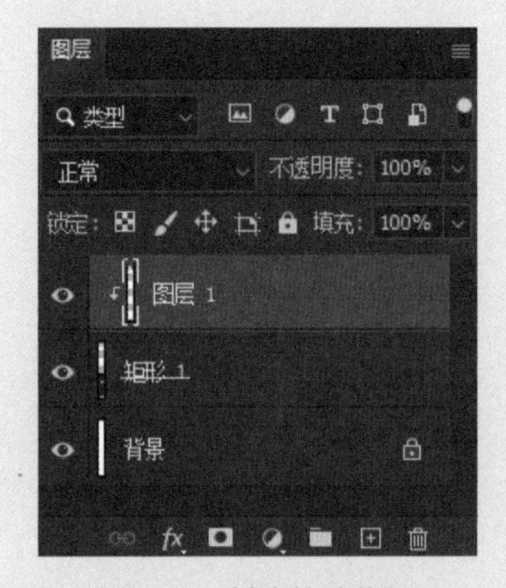

图5-4 创建剪贴蒙版

步骤05：选择“矩形工具”，在属性栏中设置填充颜色为黑色，并关闭描边，如图5-5所示。

图5-5　设置属性

步骤06： 绘制一个宽度为370像素，高度为560像素的矩形，并在“图层”面板中降低该图层的不透明度，如图5-6所示。

步骤07： 打开“摄像头侧面”素材，并拖至当前文档中，按快捷键Ctrl+T调整素材大小，再拖至如图5-7所示的位置。

图5-6　绘制矩形

图5-7　调整素材尺寸和位置

步骤08： 打开“图标”文件，拖至当前文档中，并调整到如图5-8所示的位置。

步骤09： 选择“横排文字工具”，输入“看家护店不求人”等文本，调整文字的字体和字号后，拖至如图5-9所示的位置。

图5-8　置入素材并调整位置

图5-9　输入并调整文本信息

步骤10：选择“矩形工具”，在属性栏中关闭填充，设置描边颜色为白色，描边宽度为2像素，在HD 1080P的位置上绘制一个矩形，如图5-10所示。

步骤11：在“图层”面板中选择顶部图层，按住Shift键选择倒数第二个图层，按快捷键Ctrl+G，将选中的图层编组，这样可以将制作的图层放置在“组1”中，如图5-11所示。

图5-10　绘制矩形

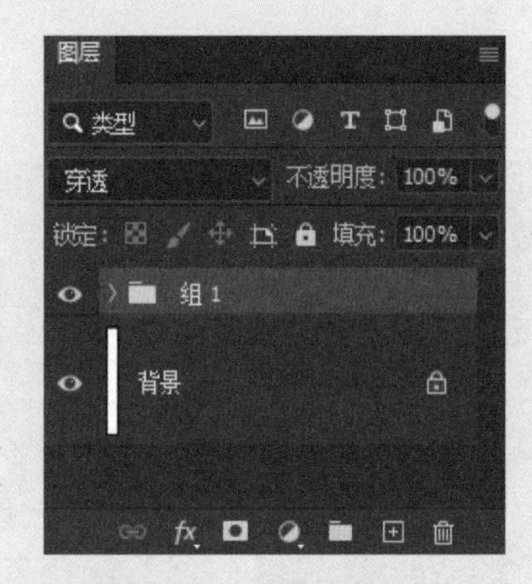

图5-11　将图层编组

步骤12：执行“文件”→“存储为”命令，将文件保存为PSD格式，这样就完成了广告模块的制作。

5.2.2　产品功能介绍模块

本小节介绍产品详情页中产品功能介绍模块的设计方法，具体操作步骤如下。

步骤01：继续上一个案例的操作，选择“横排文字工具”，输入文本“不仅仅是摄像机”“智能无线高录制 有了它高枕无忧”，并调整文本的字体、字号和颜色，如图5-12所示。

步骤02：打开“图标”文件，将素材拖至当前文档上，并调整好位置，如图5-13所示。

图5-12　输入文本

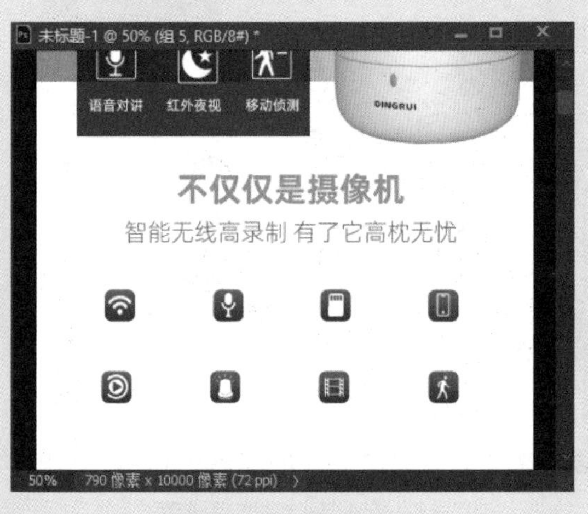

图5-13　添加图标

步骤03：选择“横排文字工具”，输入“无线WIFI连接”等文本，调整字体和字号，如图5-14所示。

步骤04：在“图层”面板上，选中本小节内容创建的图层，按快捷键Ctrl+G将当选图层编组，如图5-15所示。

图5-14　输入文本

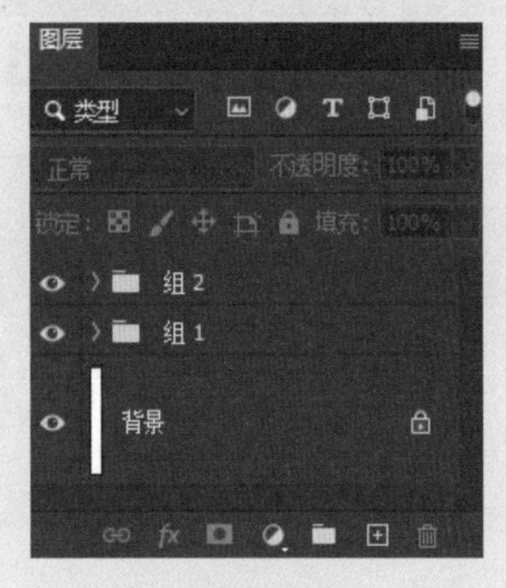

图5-15　编组

步骤05：存储文件，这样就完成了产品功能介绍模块的制作。

5.2.3　安装方法介绍模块

本小节介绍安装方法介绍模块的制作方法，具体操作步骤如下。

步骤01：继续上一个案例的操作，选择“矩形工具”，在属性栏中设置填充颜色为黄色，宽度为790像素，高度为430像素，绘制一个如图5-16所示的矩形。

步骤02：选择“横排文字工具”，输入“3步搞定安装”等文本，并调整字体和字号，如图5-17所示。

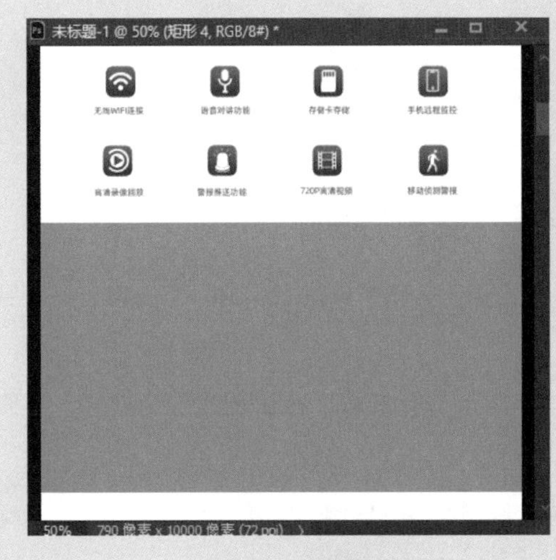

图5-16　绘制形状

图5-17　输入文本

步骤03：打开“图标”文件，拖至当前文档中，并调整至如图5-18所示的位置。

步骤04：选择“横排文字工具”，输入“1.下载手机APP”等文本，并调整字体、字号和颜色，如图5-19所示。

图5-18　添加素材文件

图5-19　输入文本

步骤05：在“图层”面板上，选中本小节内容创建的图层，按快捷键Ctrl+G将当选图层编组，如图5-20所示。

步骤06：存储文件，这样就完成了安装方法介绍模块的制作。

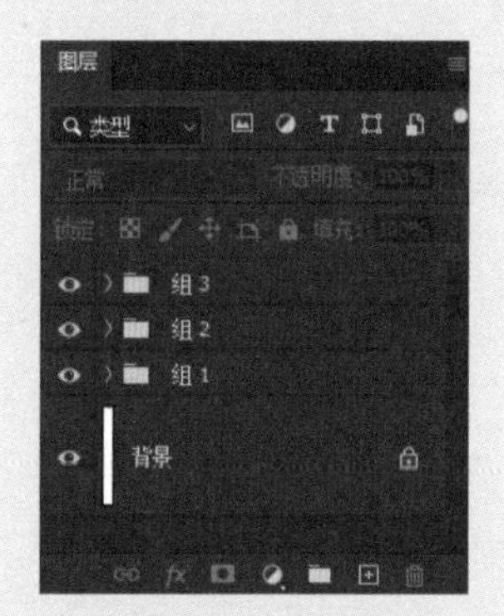

图5-20　编组

5.2.4　使用方法介绍模块

本小节介绍产品详情页中使用方法介绍模块的设计方法，具体操作步骤如下。

步骤01：继续上一个实例的操作，选择“横排文字工具”，输入“随意安装 无死角”等文本，并调整字体和字号，如图5-21所示。

步骤02：选择“矩形工具”，在属性栏中设置填充颜色为灰色，关闭描边，设置宽度为790像素，高度为530像素，绘制如图5-22所示的矩形。

步骤03：打开“素材2”文件，并拖至当前文档中，执行“图层”→“创建剪贴蒙版”命令，为当前图层创建剪贴蒙版，如图5-23所示。

步骤04：打开“手机正面素材”文件，拖至当前文档中，并调整位置，如图5-24所示。

图5-21　输入文本

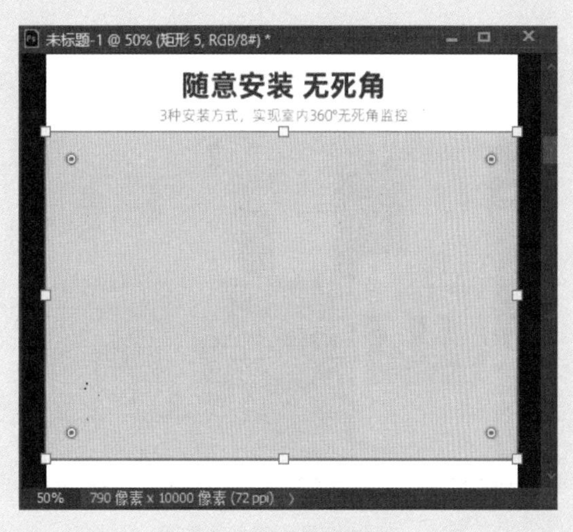

图5-22　绘制矩形

图5-23　创建剪贴蒙版

图5-24　添加素材

步骤05：打开“摄像头素材”文件，并拖至当前文档中，按快捷键Ctrl+T调整素材大小，移至合适的位置，再复制两个图层并调整角度和位置，如图5-25所示。

步骤06：选择“矩形工具”，在属性栏中调整填充颜色为黄色，绘制一个如图5-26所示的矩形形状。

步骤07：选择“钢笔工具”，在绘制的矩形路径上添加锚点，并调整锚点位置，从而修改调整形状，如图5-27所示。

步骤08：选择“横排文字工具”，设置文字颜色为白色，并输入“平放”文字，如图5-28所示。

步骤09：选择“形状层”和“文字层”，按住Alt键单击拖曳，复制选中的对象，最后修改文字为壁装和吊装，如图5-29所示。

步骤10：在“图层”面板上，选中本小节创建的图层，按快捷键Ctrl+G将当选图层编组，如图5-30所示。

图5-25　复制并调整素材的角度和位置

图5-26　绘制矩形

图5-27　添加锚点并调整位置

图5-28　输入文本

图5-29　复制图形并修改文字

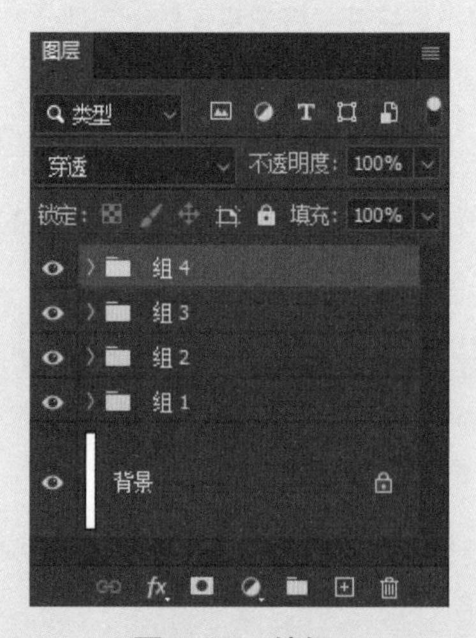

图5-30　编组

步骤11：选择“横排文字工具”，输入“云台360° 全景查看”和“手机控制旋转，垂直−5° ~90° ，水平355° ，室内景象一览无余”文本，并调整字体、字号和颜色，如图5−31所示。

步骤12：打开“摄像头素材”文件，拖至当前文档中，并调整位置，如图5−32所示。

图5−31　输入文本

图5−32　添加素材

步骤13：选择“横排文字工具”，输入“水平旋转 0° ~355° ”和“垂直旋转−5° ~90° ”文本，并调整字体和字号，如图5−33所示。

步骤14：选择“矩形工具”，在属性栏中设置描边颜色为黑色，描边宽度为2像素，绘制如图5−34所示的矩形。

图5−33　输入文本

图5−34　绘制矩形

步骤15：打开“小手机素材”文件，拖至当前文档中，并调整到合适的位置，如图5−35所示。

步骤16：选择“钢笔工具”，在属性栏中选择“形状”选项，设置描边颜色为黄色，描边宽度为3像素，描边样式为“虚线”，如图5−36所示。

图5-35　添加素材

图5-36　设置属性

步骤17：使用“钢笔工具”在画布中围绕摄像头绘制虚线，如图5-37所示。

步骤18：继续使用“钢笔工具”，绘制水平方向的虚线，如图5-38所示。

图5-37　绘制虚线

图5-38　绘制水平方向的虚线

步骤19：选择“三角形工具”，在属性栏中设置填充颜色为黄色，绘制一个三角形，并拖至虚线上。按快捷键Ctrl+T旋转三角形的角度，再复制两个三角形并调整位置，如图5-39所示。

步骤20：在“图层”面板中，选中本小节创建的图层，按快捷键Ctrl+G将当选图层编为一组，如图5-40所示。

步骤21：选择“矩形工具”，设置填充颜色为浅蓝色，宽度为790像素，高度为580像素，绘制一个矩形，如图5-41所示。

步骤22：选择“横排文字工具”，输入“114° 室内广角”等文本，并调整文字属性，如图5-42所示。

步骤23：打开“摄像头白模素材”文件，拖至当前文档中，按快捷键Ctrl+T调整素材大小，并拖至合适的位置，如图5-43所示。

图5-39　绘制三角形

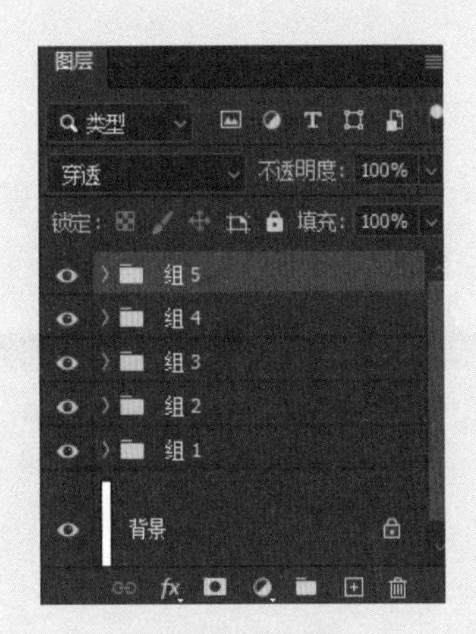

图5-40　编组

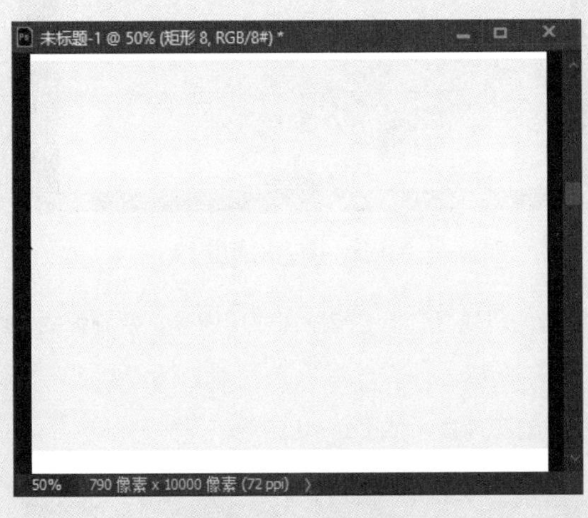

图5-41　绘制矩形

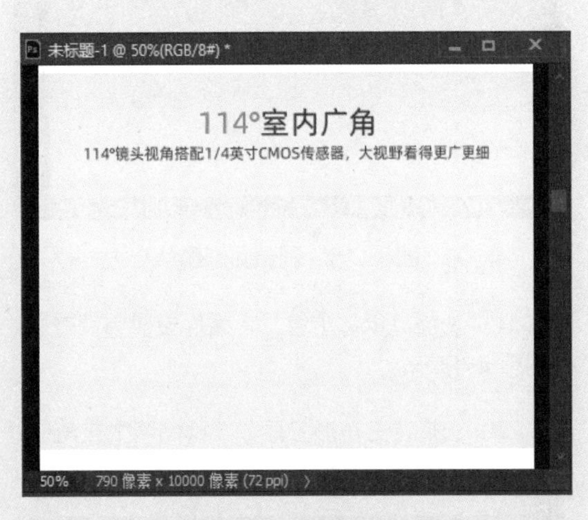

图5-42　输入文本

步骤24：选择“矩形工具”，设置填充颜色为蓝灰色，宽度为790像素，高度为280像素，绘制如图5-44所示的矩形。

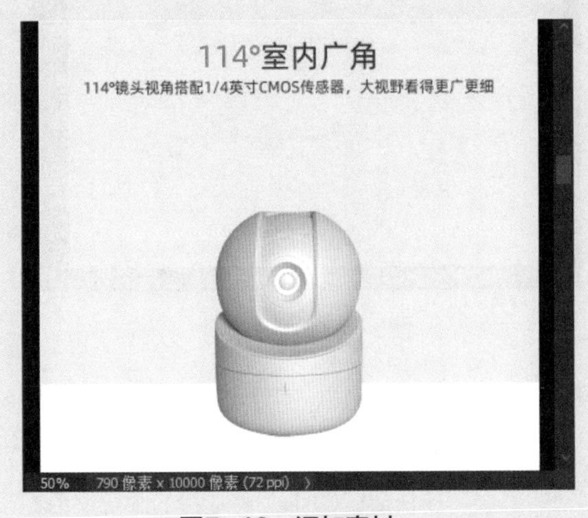

图5-43　添加素材

图5-44　绘制矩形

步骤25： 在“图层”面板中选中“矩形”图层，将该图层的不透明度设置为50%。选择“添加锚点工具”，在矩形上添加锚点并移动位置。选择“转换点工具”，调整锚点的状态，如图5-45所示。

步骤26： 选择“直线工具”，属性设置为“形状”，填充为“黄色”，粗细大小为2像素，绘制直线，如图5-46所示。

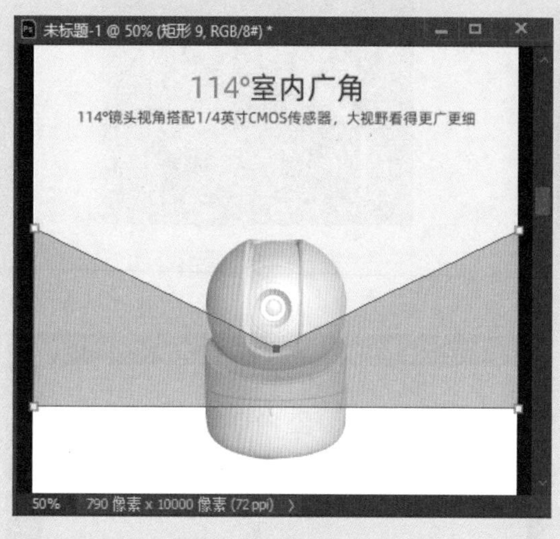

图5-45　调整图形形状

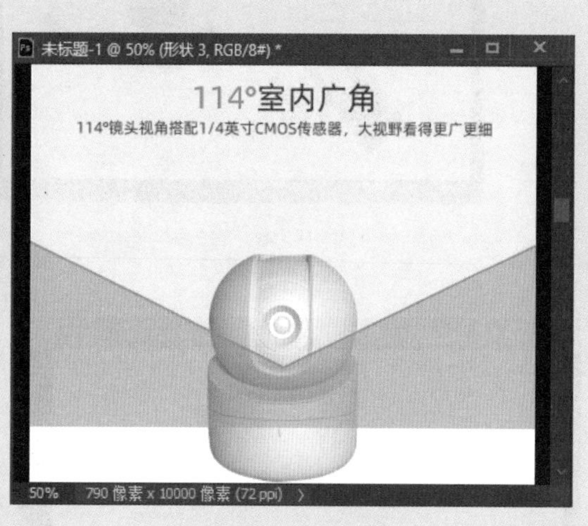

图5-46　绘制直线

步骤27： 选择“钢笔工具”，属性设置为“形状”，描边为“黄色”，描边大小为2像素，绘制弧线，如图5-47所示。

步骤28： 选择“三角形工具”，绘制两个三角形并调整位置和角度，如图5-48所示。

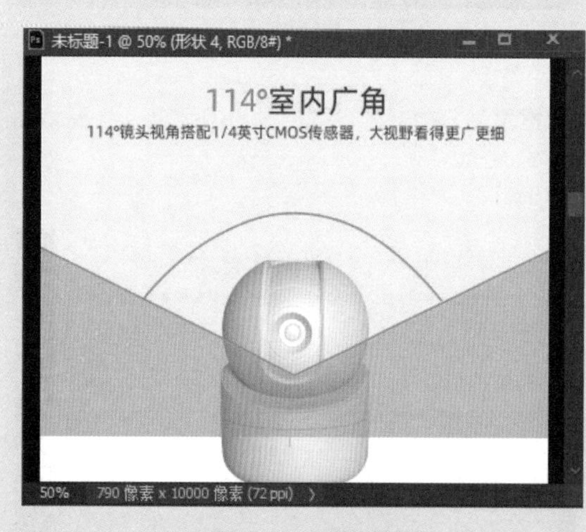

图5-47　绘制弧线

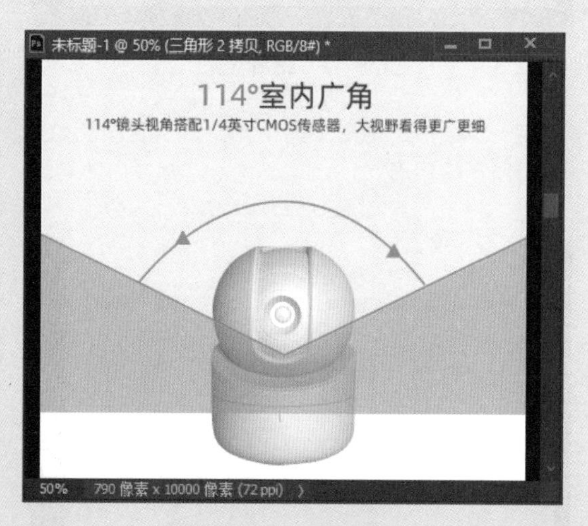

图5-48　添加箭头

步骤29： 选择“横排文字工具”，输入“114° 对角”文本，并调整字体、字号和颜色，如图5-49所示。

步骤30： 在“图层”面板中，选中本小节后半部分创建的图层，按快捷键Ctrl+G将选择的图层编组。存储文件，这样就完成了使用方法介绍模块的制作。

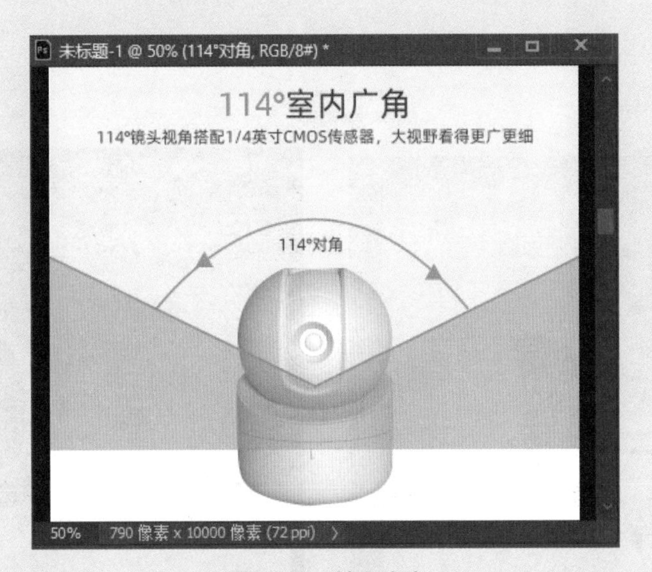

图5-49　输入文本

5.2.5　商品展示模块

本小节介绍产品详情页中商品展示模块的设计方法，具体操作步骤如下。

步骤01：继续上一个实例的操作，选择“矩形工具”，设置宽度为790像素，高度为600像素，并绘制如图5-50所示的矩形。

步骤02：打开“素材5”文件，拖至当前文档，按快捷键Ctrl+T调整素材位置，并执行“图层”→“创建剪贴蒙版”命令，创建剪贴蒙版，如图5-51所示。

图5-50　绘制矩形

图5-51　创建剪贴蒙版

步骤03：打开“摄像头侧面素材”文件，拖至当前文档中，并调整到合适的位置，如图5-52所示。

步骤04：选择“横排文字工具”，输入“要保护个人财产 选择我们就对了”文本，并调整字体和字号，如图5-53所示。

图5-52　添加素材

图5-53　输入文本

步骤05：选择“矩形工具”，设置描边宽度为4像素，描边颜色为白色，在文字上绘制矩形，如图5-54所示。

步骤06：选择“矩形选框工具”，在文字位置定义矩形选区，在“图层”面板中选择“矩形”图层，按住Alt键单击“创建剪贴蒙版”按钮，如图5-55所示。

图5-54　绘制矩形

图5-55　创建剪贴蒙版

步骤07：在“图层”面板中选中本小节前半部分创建的图层，按快捷键Ctrl+G编组，如图5-56所示。

步骤08：选择“矩形工具”，设置填充颜色为黄色，宽度为790像素，高度为180像素，绘制如图5-57所示的矩形。

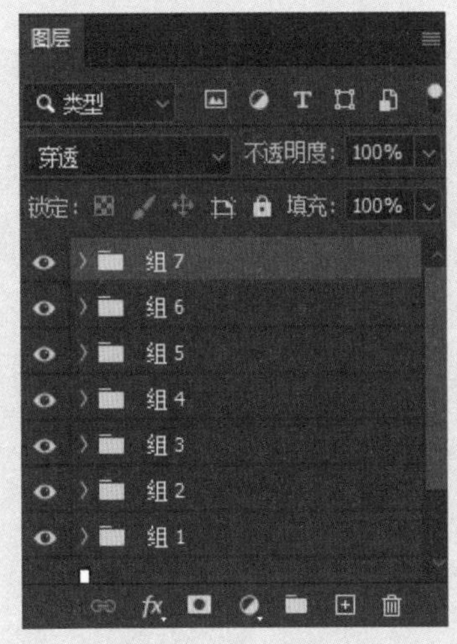

图5-56　图层编组

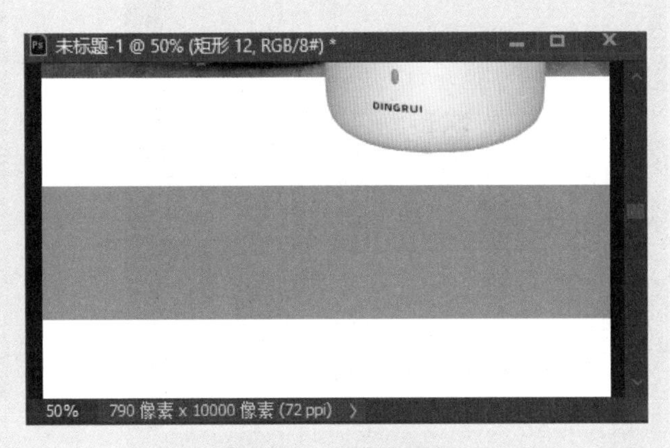

图5-57　绘制矩形

步骤09：选择“横排文字工具”，输入“智能移动侦测 时刻监控公司财产”文本，并调整字体和字号，如图5-58所示。

步骤10：打开“素材6”文件，拖至当前文档中，按快捷键Ctrl+T调整素材大小，并拖至合适的位置，如图5-59所示。

图5-58　输入文本

图5-59　添加素材

步骤11：执行“图像”→“调整”→“去色”命令，将图片调整为黑白效果，如图5-60所示。

步骤12：在“图层”面板中，创建“曲线”调整图层，在“属性”面板中调整曲线，从而将图片调暗，如图5-61所示。

图5-60　转换灰度

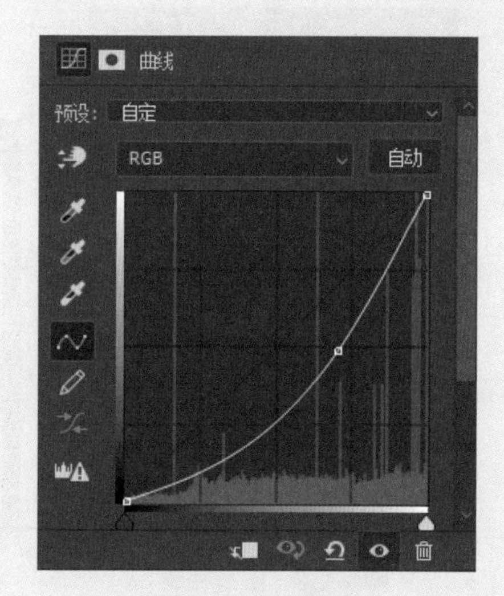

图5-61　调整曲线

步骤13：选中曲线调整图层，执行“图层”→“创建剪贴蒙版”命令，如图5-62所示。

步骤14：选择“曲线1”图层的蒙版，选择“画笔工具”，在蒙版上涂抹，使图片中间变亮，如图5-63所示。

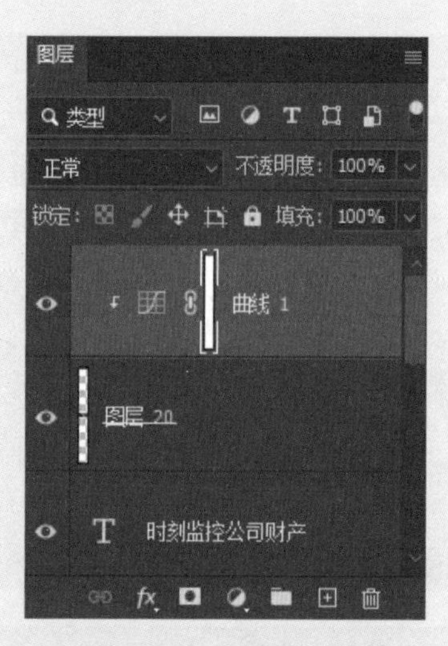

图5-62　创建剪贴蒙版

图5-63　绘制蒙版

步骤15：打开“瞄准素材”文件，拖至当前文档中，在“图层”面板中将混合模式调整为“滤色”，效果如图5-64所示。

步骤16：打开“摄像头向下素材”文件，拖至当前文档中，按快捷键Ctrl+T调整素材大小，并移至画面的右上角，如图5-65所示。

图5-64　添加瞄准素材

图5-65　添加摄像头向下素材

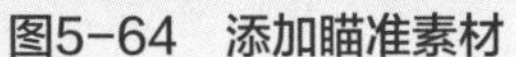

步骤17：选择“钢笔工具”，在属性栏中选择“形状”选项，设置填充颜色为红色，在摄像头上绘制不规则形状，如图5-66所示。

步骤18：在“图层”面板中，选择不规则形状图层，调整“不透明度”值为80%，并创建图层蒙版。选择“渐变”工具，在蒙版上填充黑白渐变，如图5-67所示。调整后的效果如图5-68所示。

图5-66　绘制图形

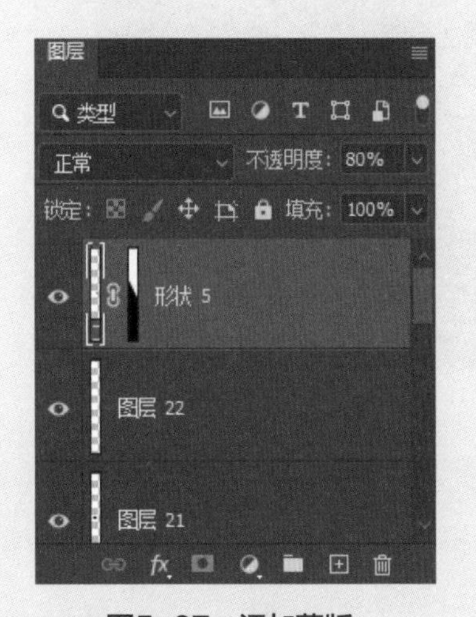

图5-67　添加蒙版

步骤19：复制一个形状图层，选择“直接选择工具”，调整锚点的位置，如图5-69所示。

步骤20：选择创建的图层，按快捷键Ctrl+G将图层编组，如图5-70所示。

步骤21：选择“矩形工具”，设置填充颜色为黄色，宽度为790像素，高度为180像素，绘制如图5-71所示的矩形。

图5-68　调整后的效果

图5-69　调整形状

图5-70　编组

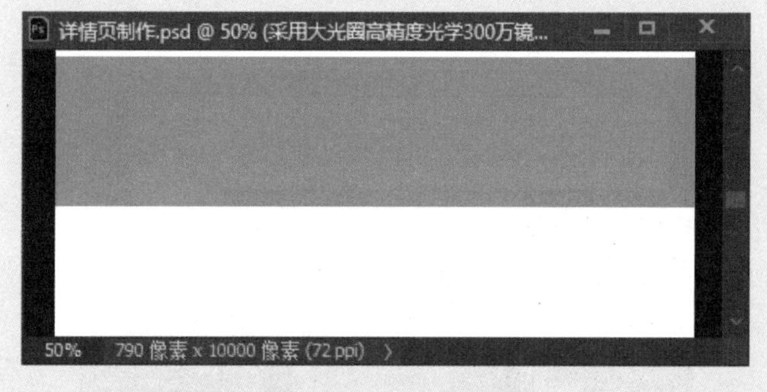

图5-71　绘制矩形

步骤22：选择“横排文字工具”，输入“支持1080P高清画质 采用大光圈高精度光学300万镜头”文本，并调整字体和字号，如图5-72所示。

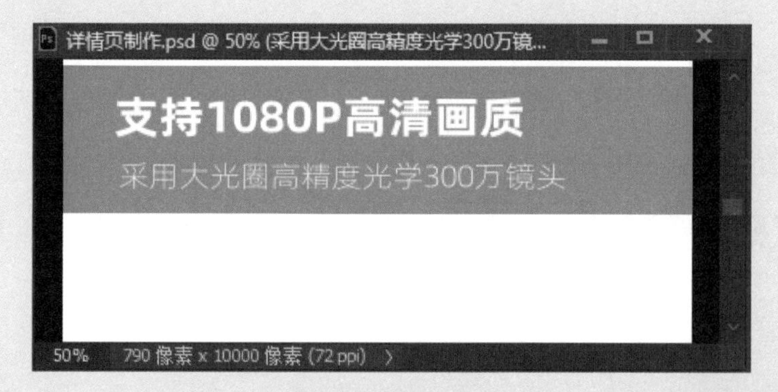

图5-72　输入文本

步骤23：选择“矩形工具”，设置填充颜色为灰色，宽度为790像素，高度为600像素，绘制如图5-73所示的矩形。

步骤24：打开“素材7”文件，拖至当前文档中，缩放大小并拖至合适的位置。

步骤25：选择素材图层，执行“图层”→“ 创建剪贴蒙版”命令，创建剪贴蒙版，如图5-74所示。

图5-73　绘制矩形

图5-74　创建剪贴蒙版

步骤26：选择素材图层，执行“滤镜”→“模糊” →“高斯模糊”命令，在弹出的“高斯模糊”对话框中，设置“半径”为6像素，如图5-75所示。

步骤27：打开“显示器素材”文件，拖至当前文档中，按快捷键Ctrl+T调整大小，并拖至合适的位置，如图5-76所示。

图5-75　“高斯模糊”对话框

图5-76　添加素材

步骤28：将素材拖至显示器屏幕区域，并调整大小，如图5-77所示。

步骤29：在“图层”面板中选中本小节后半部分创建的图层，按快捷键Ctrl+G编组，如图5-78所示。这样就完成了商品展示模块的制作。

图5-77　调整素材

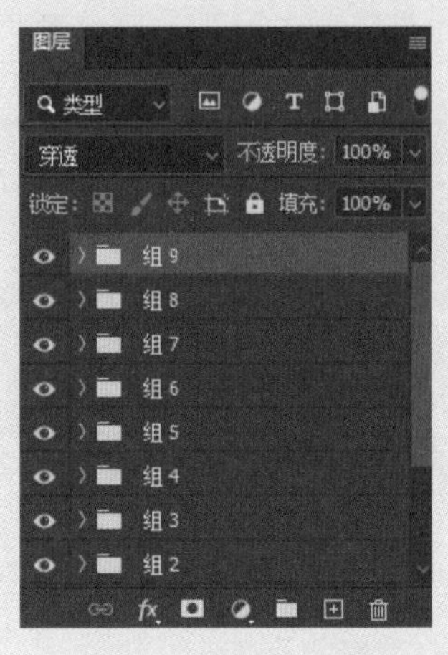

图5-78　图层编组

5.2.6　产品信息模块

本小节介绍产品详情页中产品信息模块的设计方法，具体操作步骤如下。

步骤01：继续上一个实例的操作，选择“矩形工具”，设置填充颜色为灰色，关闭描边，设置宽度为790像素，高度为500像素，并绘制如图5-79所示的矩形。

步骤02：选择“横排文字工具”，输入“产品信息”文本，并调整字体和字号。

步骤03：打开“摄像头侧面素材”文件，拖至当前文档中，并调整到合适的位置，如图5-80所示。

图5-79　绘制形状

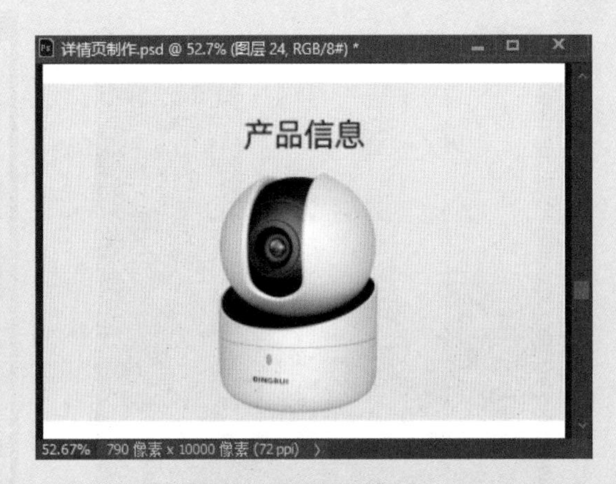

图5-80　添加素材

步骤04：选择“钢笔工具”，在属性栏中选择“形状”选项，设置描边颜色为蓝色，描边大小为2像素，并在文档中绘制多条线段，如图5-81所示。

步骤05：选择“椭圆工具”，设置填充颜色为蓝色，并绘制圆点，如图5-82所示。

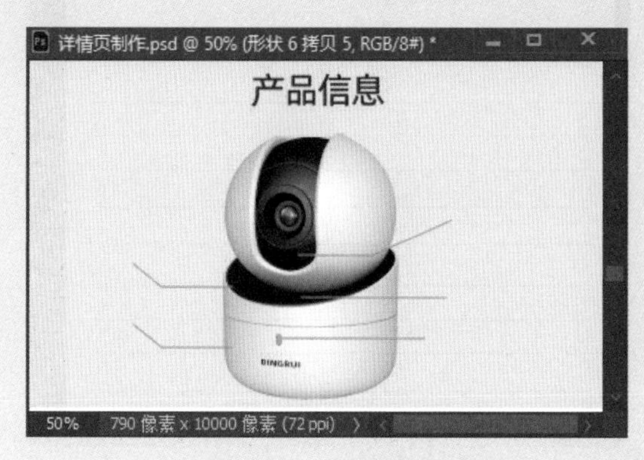

图5-81　绘制多段线

图5-82　绘制圆点

步骤06：选中圆点，按住Alt键拖曳进行复制，并移至线段的端点处，如图5-83所示。

步骤07：选择“横排文字工具”，输入“WIFI接收器”“存储卡”“麦克风”“重置按钮”“状态指示灯”文本，并统一调整字体和字号，如图5-84所示。

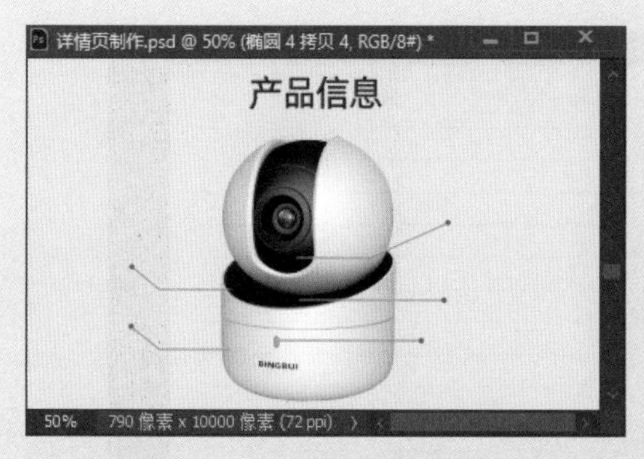

图5-83　复制圆点

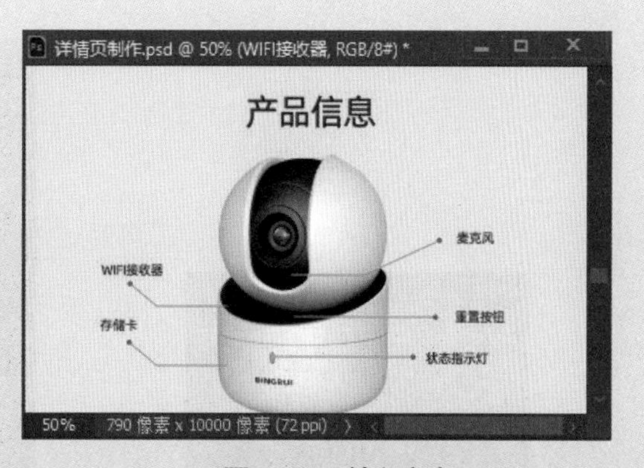

图5-84　输入文本

步骤08：在“图层”面板中选中本小节创建的图层，按快捷键Ctrl+G编组，这样就完成了产品信息模块的制作。

5.2.7　绘制表格

在网店详情页中经常需要绘制表格，用于数据的罗列，本小节就介绍具体的操作方法。

步骤01：继续上一个实例的操作，选择“直线工具”，设置描边颜色为灰色，描边宽度为2像素，绘制如图5-85所示的直线。

步骤02：使用“移动工具”选中绘制的直线，按住Alt键向下拖曳进行复制，共复制12条直线，如图5-86所示。

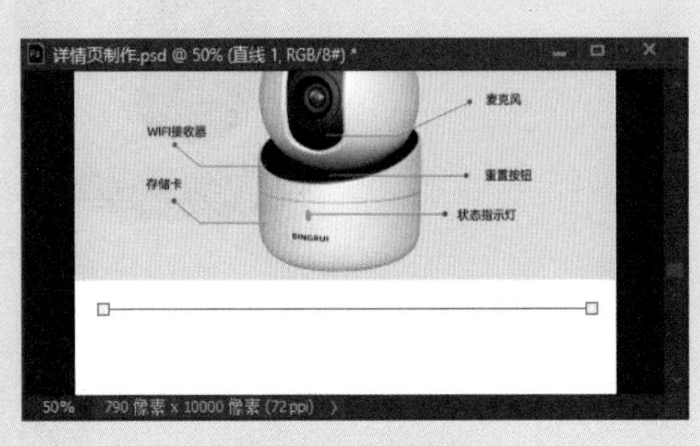

图5-85　绘制直线

图5-86　复制直线

步骤03：选择13条直线，调出“对齐”面板，单击“垂直居中分布”按钮，将直线等间距对齐，如图5-87所示。

步骤04：选择“直线工具”，绘制一条垂直直线，并与右侧对齐，如图5-88所示。

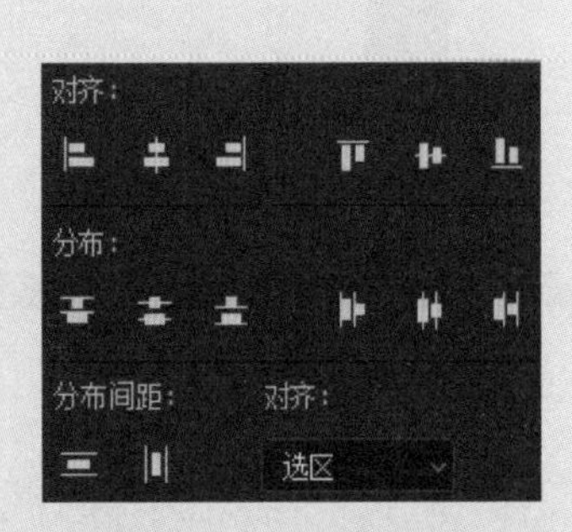

图5-87　垂直居中分布

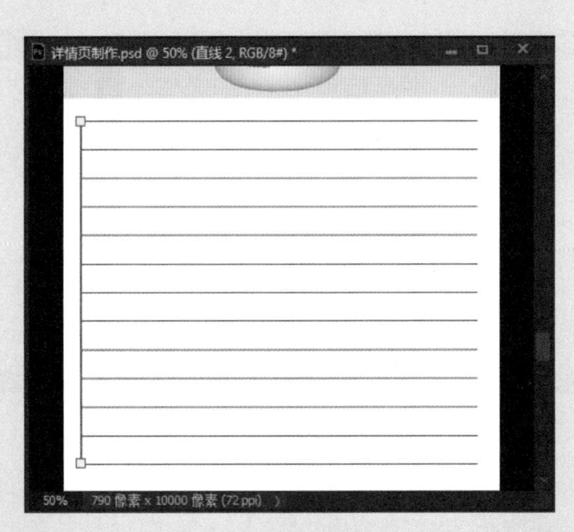

图5-88　绘制直线

步骤05：使用“移动工具”选中垂直直线，按住Alt键拖曳复制，如图5-89所示。

步骤06：选中第二条直线，按快捷键Ctrl+T缩短直线，如图5-90所示。

步骤07：选中第3条到第11条直线，按快捷键Ctrl+T自由变换，缩短直线，并调整位置，效果如图5-91所示。

步骤08：选择垂直直线，按住Alt键拖曳进行复制，如图5-92所示。

图5-89　复制直线

图5-90　缩短直线

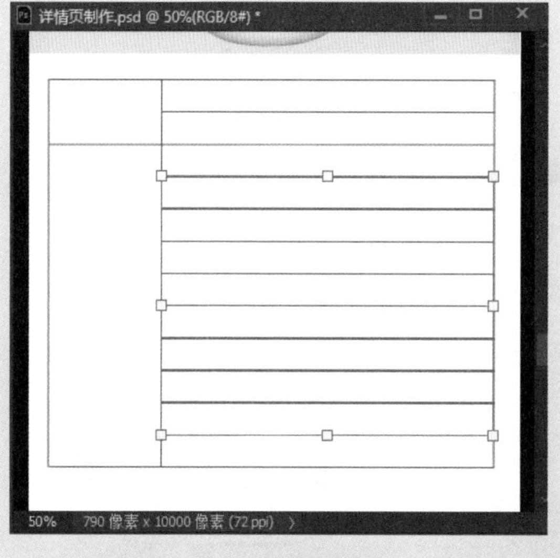

图5-91　同时缩短直线

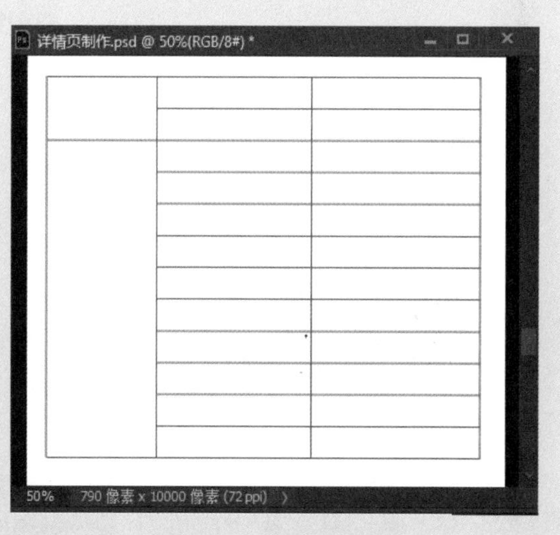

图5-92　复制垂直直线

步骤09：这样就完成了表格的制作。选择“横排文字工具”，输入文本，每个文本都在单独的图层，可以将文本图层对齐，如图5-93所示。

步骤10：详情页的设计高度为7123像素，当时新建文档的高度是10000像素，详情页制作差不多用了3/4，所以要对下面的空白区域进行裁剪。选择“裁剪工具”，将详情页的空白区域裁掉。

步骤11：执行“图像”→“图像大小”命令，在弹出的“图像大小”对话框中查看详情页的最终尺寸，如图5-94所示。

详情页制作.psd @ 50% (1280*720, RGB/8#) *

基础	型号	DR—1625
	参数	100W像素
摄像头	传感器类型	1/4 PROGRESSIVE SCAN
	快门	快门自适应
	镜头	4MM
	云台角度	水平0°≈355°
	镜头接口类型	M15
	日转夜模式	ICR红外滤片式
	数字降噪	3D数字降噪
	宽动态范围	数字宽动态
	视频压缩标注	H.264
	最大图像尺寸	1280*720

50% 790 像素 x 10000 像素 (72 ppi)

图5-93 输入文本

图5-94 “图像大小”对话框

制作完成的详情页效果如图 5-95 所示。

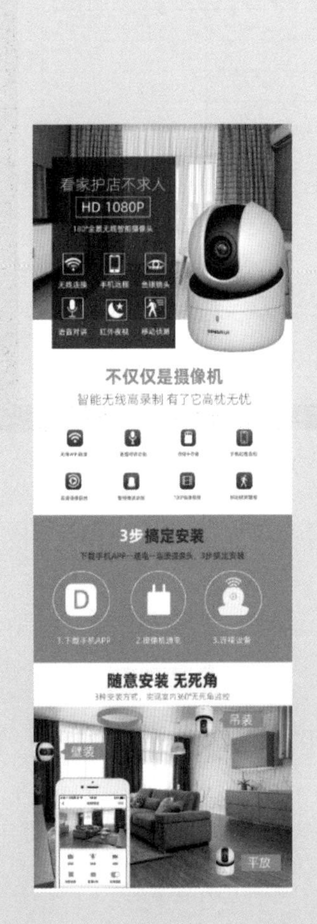

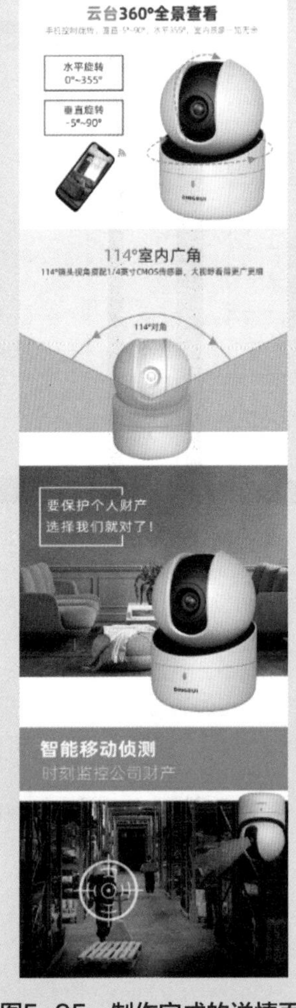

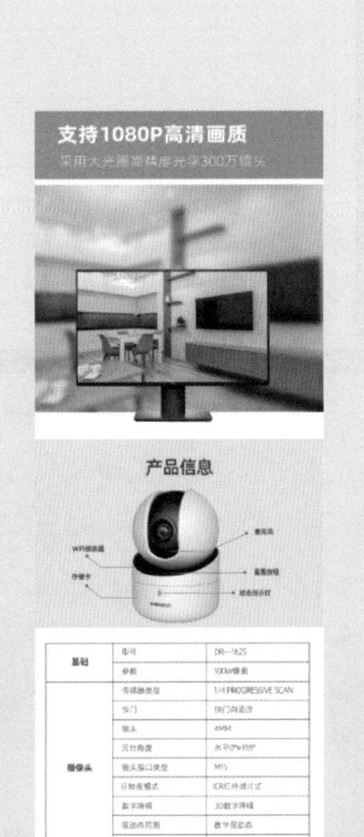

图5-95 制作完成的详情页

5.3 详情页切片优化

切片主要是将制作好的详情页，通过“切片工具”划分为多张图片，以便后期网页制作软件进行再处理。

5.3.1 切片

本小节介绍切片的操作方法，具体的操作流程如下。

步骤01：按快捷键Ctrl+R显示标尺，从标尺上拖曳出参考线，设置参考线在1000像素左右的位置，后期导出的图像高度也在1000像素左右，如图5-96所示。

步骤02：采用同样的方法在2000像素左右的位置创建参考线，尽量把参考线放置在每部分结束的位置，如图5-97所示。

图5-96 创建第一条参考线

图5-97 创建第二条参考线

步骤03：采用同样的方法再创建5条参考线，如图5-98所示。

步骤04：选中“切片工具”，在属性栏中单击“基于参考线切片”按钮，如图5-99所示，切片后的效果如图5-100所示。

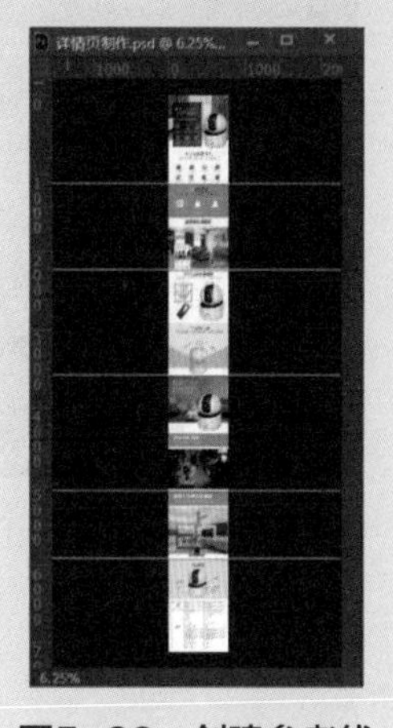

图5-98 创建参考线

图5-99　单击“基于参考线的切片”按钮

图5-100　切片后的效果

5.3.2　存储为 Web 所用格式

本小节介绍将详情页存储为 Web 所用格式的方法，具体的操作如下。

步骤01：执行“文件”→“导出”→“存储为Web所用格式”命令，弹出“存储为Web所用格式”对话框，将格式选择为JPEG，“品质”调整为100，如图5-101所示。

图5-101　“存储为Web所用格式”对话框

步骤02：单击“存储”按钮，弹出“将优化结果存储为”对话框，在“格式”下拉列表中选择“仅限图像”选项，如图5-102所示。

步骤03：单击“保存”按钮，存储切片文件。打开保存的文件夹，可以看到切片的文件，如图5-103所示。

图5-102　“将优化结果存储为”对话框

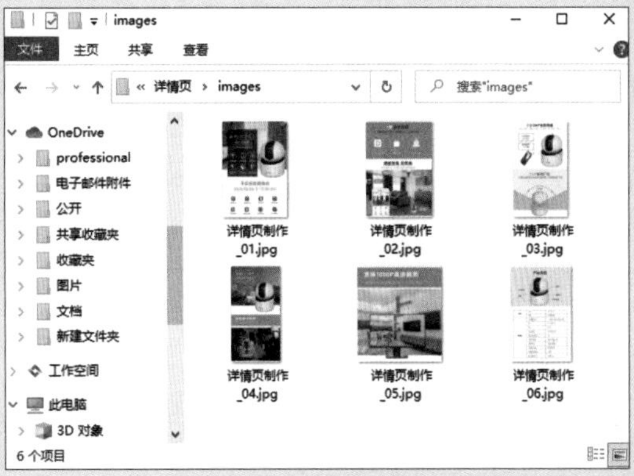

图5-103　保存的切片文件

之后就可以将切片文件上传到天猫店铺的图片空间了，发布宝贝详情页的时候选择上传的切片图片即可。

第6章

天猫店铺首页设计

本章将介绍淘宝天猫店铺装修后台的使用方法、店铺首页的设计方法，以及店铺首页设计中涉及的几个模块。

本章学习目标

- 熟练掌握天猫店铺装修后台的使用方法
- 熟练掌握店铺首页的设计方法

6.1 天猫店铺装修后台

登录天猫店铺装修后台，单击“店铺装修”链接，进入店铺装修页面，如图 6-1 所示。

淘宝旺铺　首页　店铺装修　商品装修　素材中心　内容中心

店铺装修　基础页　宝贝详情页　宝贝列表页　自定义页　大促承接页　门店详情页　装修模板　宝贝分类

手机店铺装修
PC店铺装修
装修设置

页面名称	更新时间	状态	操作
首页	2021-09-08 12:41:02	已发布　线上首页	装修页面
店内搜索页	2021-10-22 11:23:30	未发布	装修页面

图6-1　天猫店铺装修后台页面

单击“PC 店铺装修”链接，进入装修页面，页面左侧提供了“模块”“配色”“页头”“页面”和 CSS 五个部分，如图 6-2 所示。CSS 模块需要订购才能使用，如果不进行更高级的操作可以不购买。

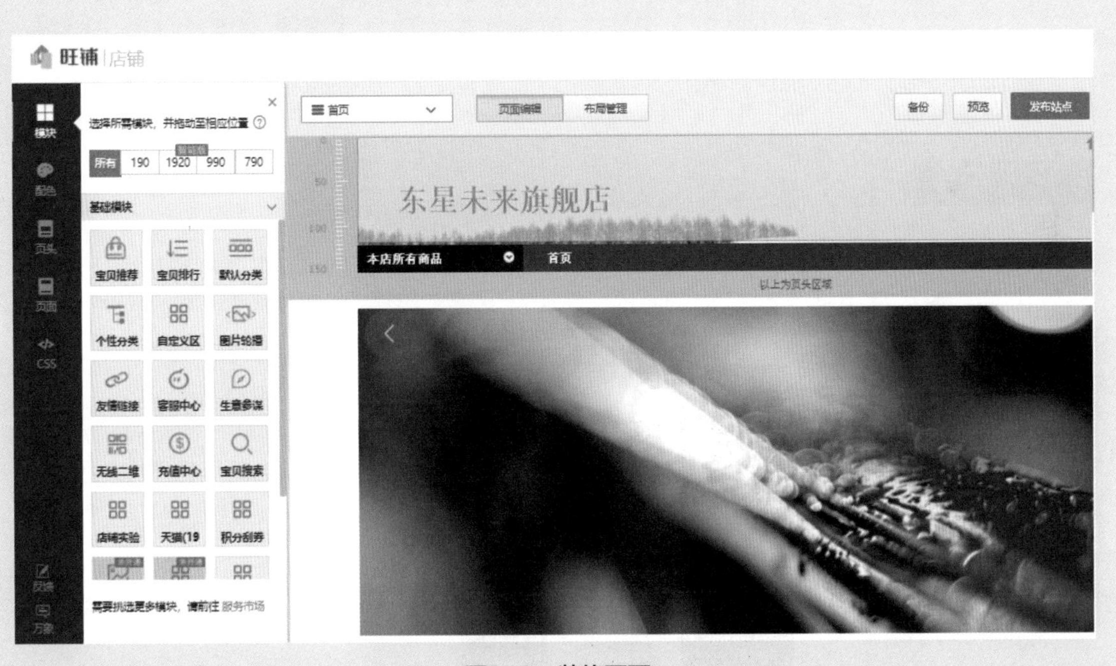

图6-2　装修页面

6.1.1　模块

装修页面的模块中还包括21个基础模块，在一般情况下，主要会用到“宝贝推荐”“宝贝排行”“默认分类”“个性分类”“自定义区”“图片轮播”“友情链接”“客服中心”“宝贝搜索”“全屏宽图”“全屏轮播”“店铺尾巴”“店铺招牌”等模块，如图6-3所示为部分模块显示。

模块尺寸包括190、1920、990和790四种，每个尺寸下的模块不同。

图6-3　模块

6.1.2　配色

装修页面的配色模块主要包括“天猫默认黑”“天猫默认蓝”“天猫默认粉”“天猫默认黄”和“天猫默认棕”五种，如图6-4所示。这里选择的配色方案，主要应用到店铺的导航菜单中。

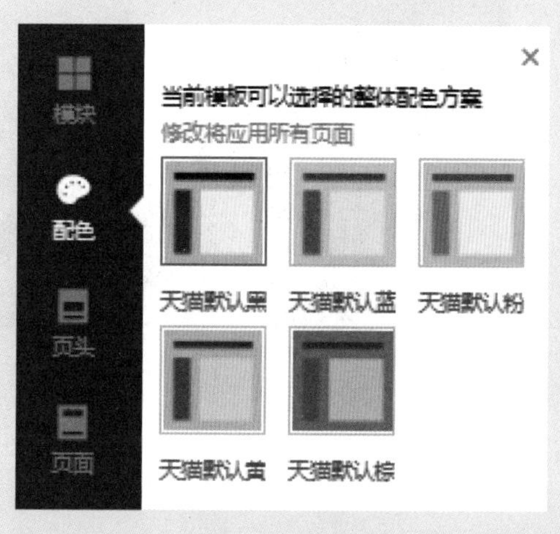

图6-4　配色

6.1.3 页头

装修页面的页头模块可以设置页头背景色、页面下边距和页头背景图，如图 6-5 所示。

页头的背景色是指店铺的背景色，单击“更换图”按钮，可以设置店铺的背景图。单击“应用到所有页面”按钮，即可对所有页面应用相同的背景图。

6.1.4 页面

页面模块主要包括“页面背景色”和“页面背景图”的设置，如图 6-6 所示。

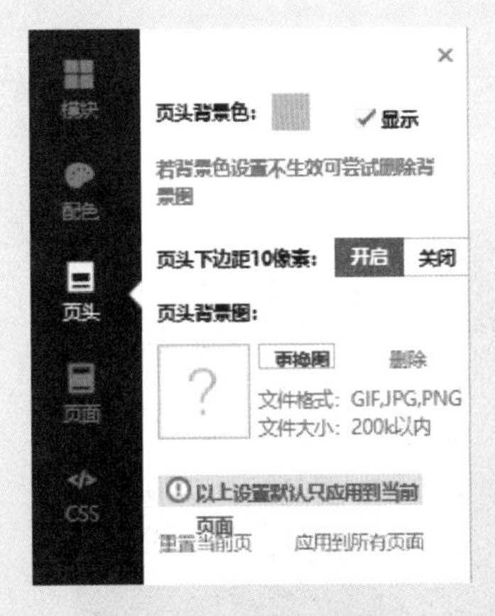

图6-5 页头设置

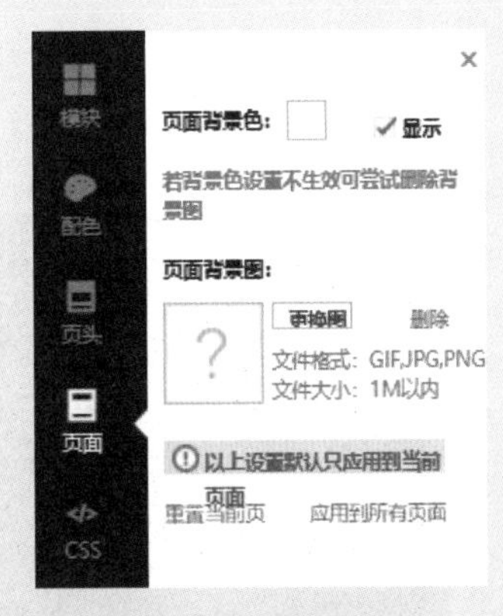

图6-6 页面设置

天猫店铺首页的自定义区域一般为 990 像素，淘宝店铺的自定义区域为 950 像素，背景可以设置为背景图。

6.2 天猫店铺首页设计

本节介绍天猫店铺海报和首页的设计方法，以及 Dreamweaver 页面排版的方法，从而将设计好的图片添加到天猫店铺中。

6.2.1 海报设计

天猫店铺的全屏海报设计涉及使用 Photoshop 的形状图层、文字，以及对素材的合成，具体的操作方法如下。

步骤01： 启动Photoshop，新建宽度为1920像素，高度为900像素的文档，将前景色设置为红色，按快捷键Alt+Del进行填充，如图6-7所示。

图6-7　填充颜色

步骤02：选择“椭圆工具”，设置填充颜色为深红色，宽度和高度均为1560像素，绘制一个正圆形，如图6-8所示。

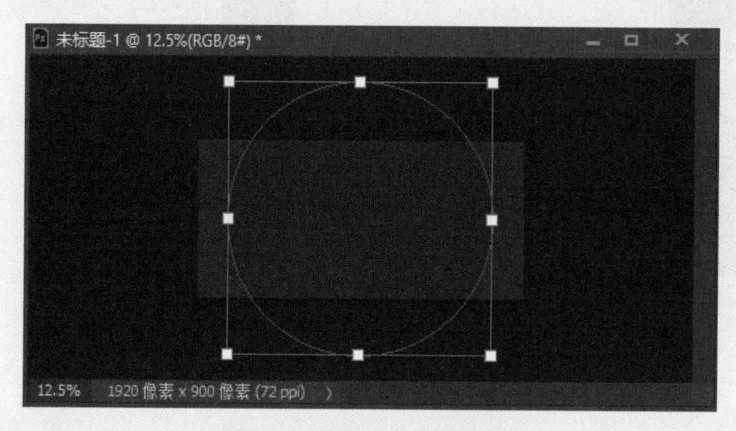

图6-8　绘制深红色正圆形

步骤03：选择“椭圆工具”，设置填充颜色为略浅一些的深红色，宽度和高度均设置为1235像素，绘制一个正圆形，如图6-9所示。

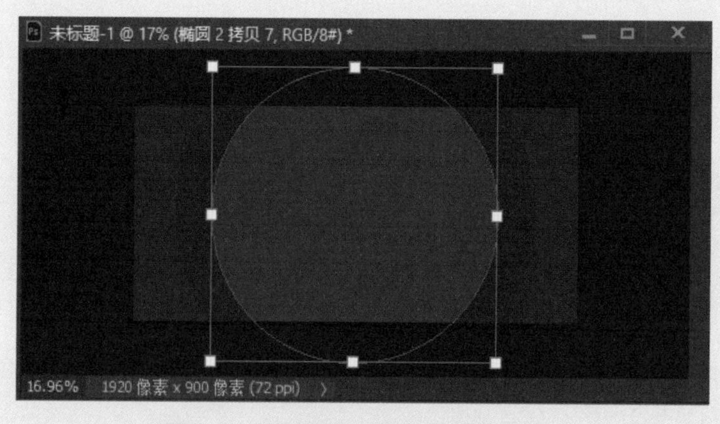

图6-9　绘制略浅一些的深红色正圆形

步骤04：选择“椭圆工具”，设置填充颜色为红色，宽度和高度均为960像素，绘制一个正圆形，如图6-10所示。

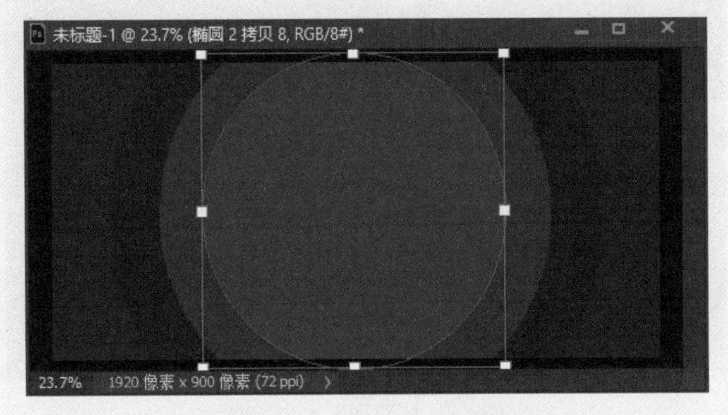

图6-10 绘制红色正圆形

步骤05：选择“椭圆工具”，设置填充颜色为大红色，宽度和高度均为750像素，绘制一个正圆形，如图6-11所示。

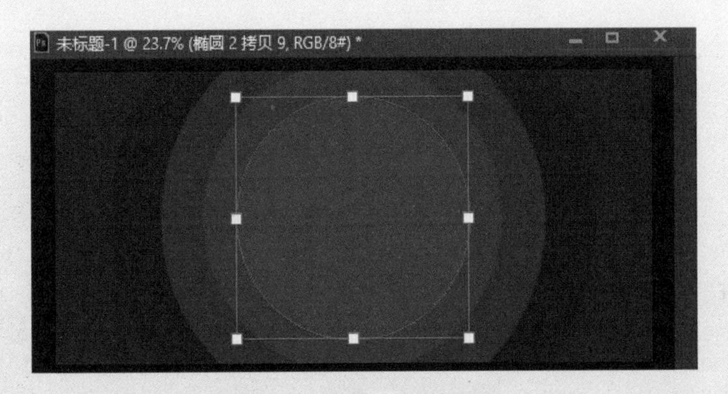

图6-11 绘制大红色正圆形

步骤06：选择“钢笔工具”，在属性栏中选择“形状”选项，将填充颜色设置为黄色，绘制如图6-12所示的图形。

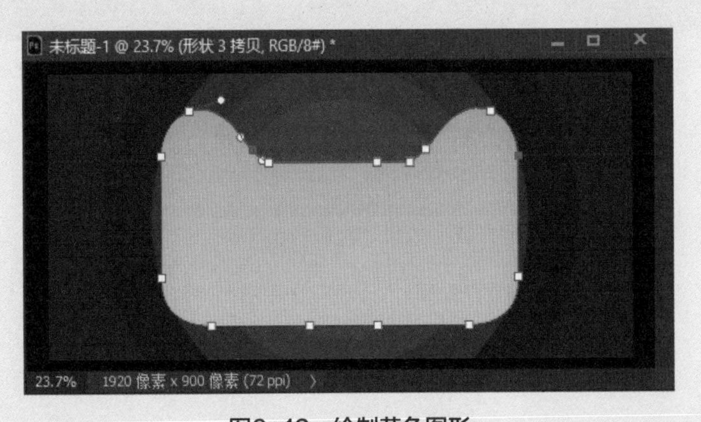

图6-12 绘制黄色图形

步骤07：复制成刚绘制的图形，调整填充颜色为红色，按快捷键Ctrl+T调整图形大小，如图6-13所示。

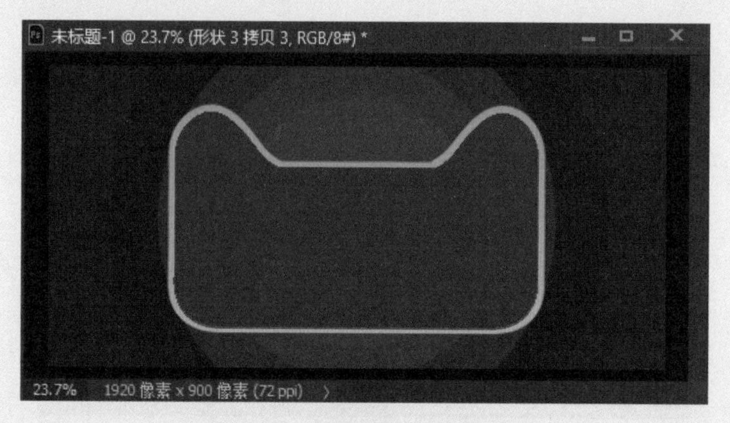

图6-13　调整图形大小和颜色

步骤08：再复制一个形状，按快捷键Ctrl+T使用自由变换命令给形状缩小，选择图层添加图层效果“内发光”，不透明度为18%，颜色为“黑色”，大小为74像素，如图6-14所示。

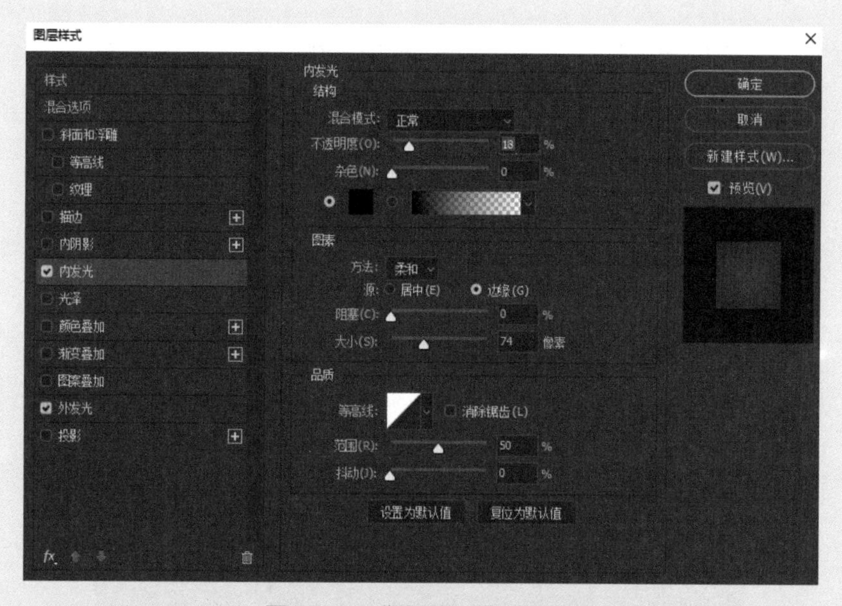

图6-14　“图层样式”对话框

步骤09：选中“外发光”复选框，设置“混合模式”为“正常”，“不透明度”值为15，颜色为黑色，“大小”值为118，如图6-15所示。

步骤10：单击“确定”按钮添加图层样式，效果如图6-16所示。

步骤11：选择“画笔工具”，在新建的图层中，绘制形状周围的光影效果，如图6-17所示。

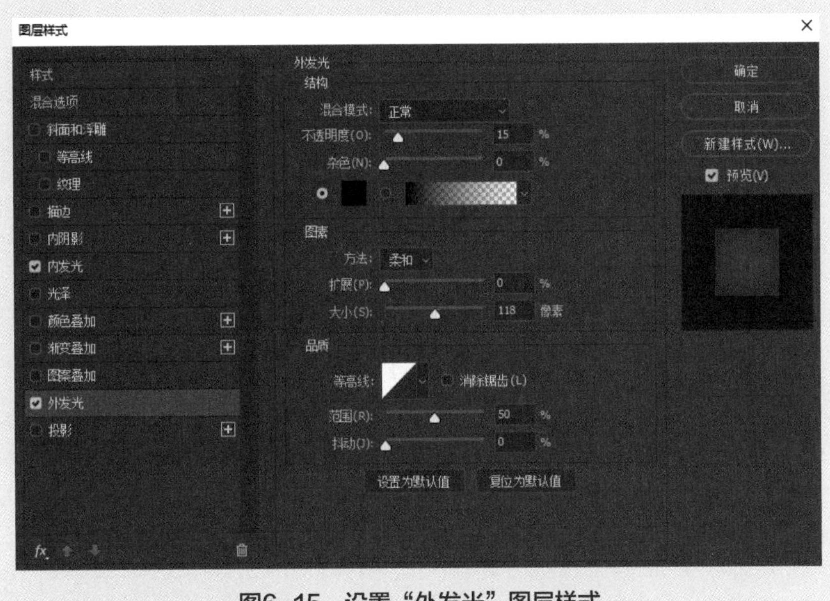

图6-15　设置“外发光”图层样式

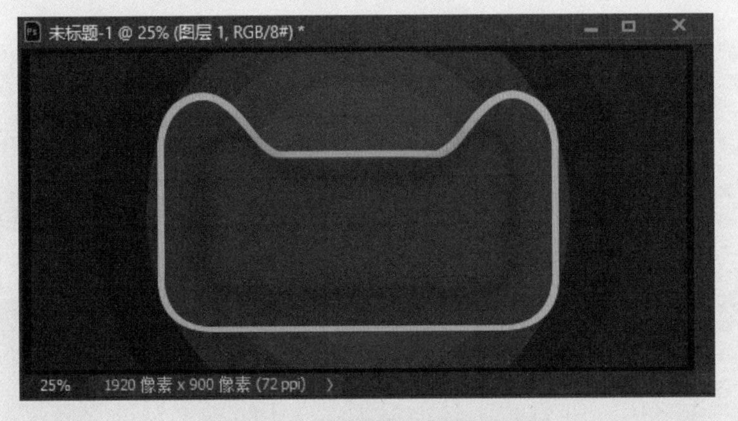

图6-16　添加图层样式后的效果

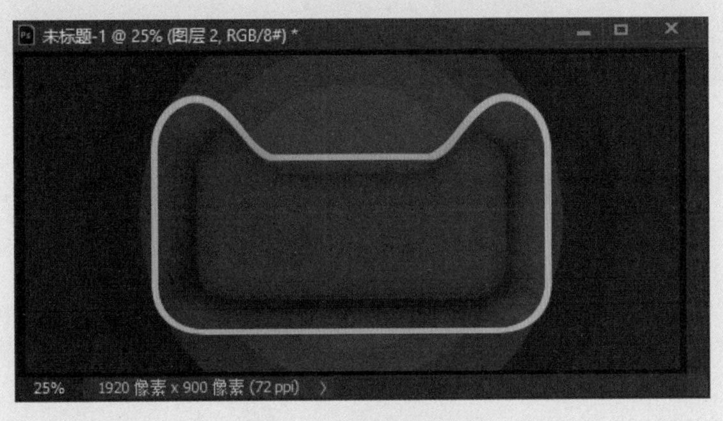

图6-17　绘制光影效果

步骤12： 打开“文字素材”文件，拖至当前文档中，如图6-18所示。

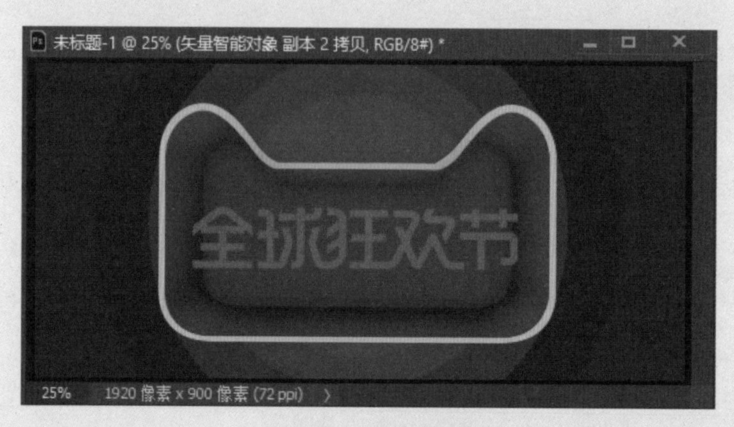

图6-18　添加素材

步骤13： 选择文字图层，添加“渐变叠加”图层样式，在弹出的“图层样式”对话框中，设置“混合模式”为“正常”，“渐变”为黄色渐变，“角度”值为90，如图6-19所示。

图6-19　“图层样式”对话框

步骤14： 选中“投影”复选框，设置“不透明度”值为40，“距离”值为18，“大小”值为1，如图6-20所示。

步骤15： 单击“确定”按钮，添加图层样式，如图6-21所示。

步骤16： 选择“矩形”工具，属性设置为“形状”，填充设置为“黄色”，宽度为665像素，高度为80像素，圆角为40像素，绘制圆角矩形，如图6-22所示。

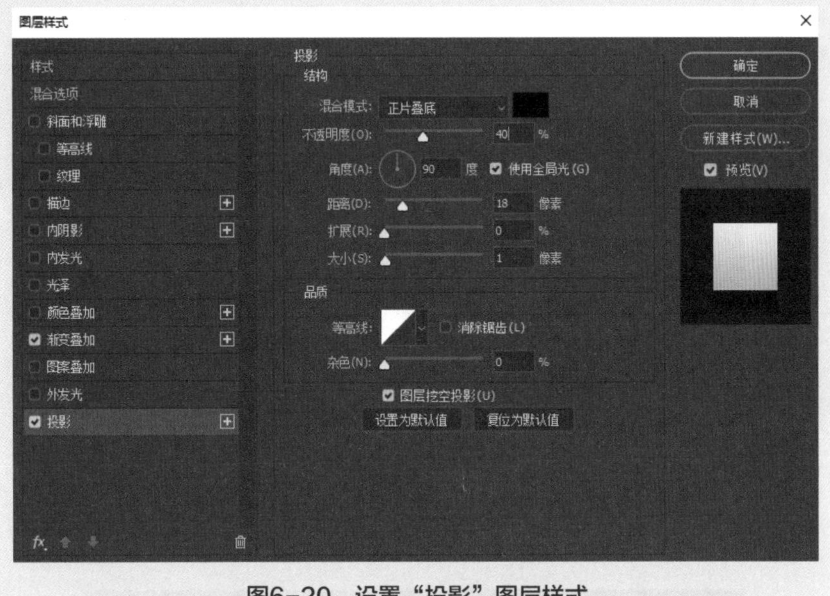

图6-20　设置“投影”图层样式

图6-21　添加图层样式后的效果

图6-22　绘制圆角矩形

步骤17：选择“横排文字工具”，设置颜色为红色，文字大小为50，输入“全场满199减10 满299减50”文本，如图6-23所示。

图6-23　输入文本

步骤18：打开“Logo素材”文件，拖至当前文档中，如图6-24所示。

图6-24　添加Logo素材

步骤19：打开“素材2”文件，拖至当前文档中，按快捷键Ctrl+T调整素材大小，如图6-25所示。

图6-25　添加素材

步骤20：打开“素材3”文件，拖至当前文档中，并拖至合适的位置，如图6-26所示。

图6-26　添加素材并调整位置

步骤21：打开“素材4”文件，拖至当前文档合适的位置，如图6-27所示。执行“文件”→“存储为”命令，将文件保存为PSD格式。

图6-27　添加素材并调整位置

步骤22：执行“文件”→“导出”→“存储为Web所用格式”命令，弹出“存储为Web所用格式”对话框，如图6-28所示单击“存储”按钮，保存为JPEG格式文件。

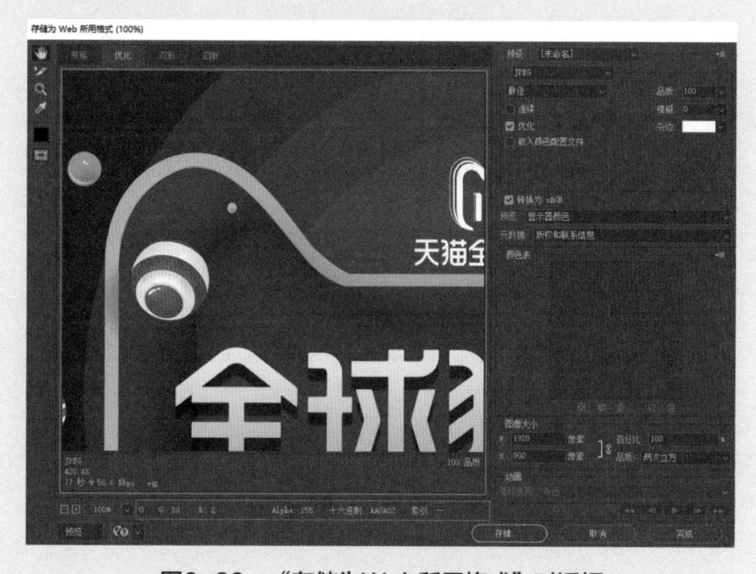

图6-28　“存储为Web所用格式”对话框

6.2.2　首页设计

本小节介绍天猫店铺首页的设计方法，具体操作步骤如下。

步骤01：启动Photoshop，新建宽度为990像素，高度为2700像素的文档。设置前景色为红色，按快捷键Alt+Del填充颜色，如图6-29所示。

图6-29　填充颜色

步骤02：选择“矩形工具”，属性设置“形状”，填充为“白色”，描边为“黄色”，宽度为520像素，高度为70像素，圆角为35像素，如图6-30所示。

图6-30　设置属性

步骤03：在画布中绘制圆角矩形，如图6-31所示。

图6-31　绘制圆角矩形

步骤04：选择“矩形图层”，添加图层效果“描边”，描边大小为6像素，位置为“外部”，颜色为“黄色”，如图6-32所示。

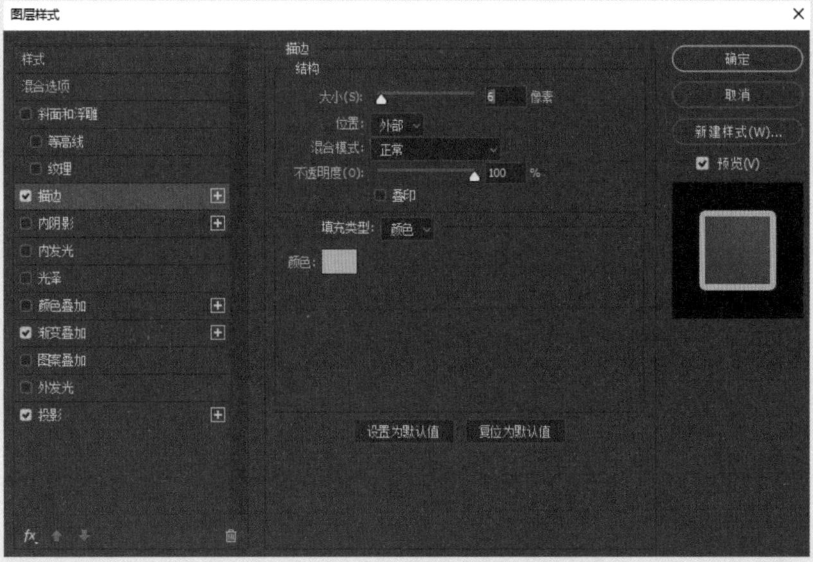

图6-32　添加“描边”图层样式

步骤05： 选中“渐变叠加”复选框，调整“混合模式”为“正常”，“渐变”为红色，“角度”为54度，如图6-33所示。

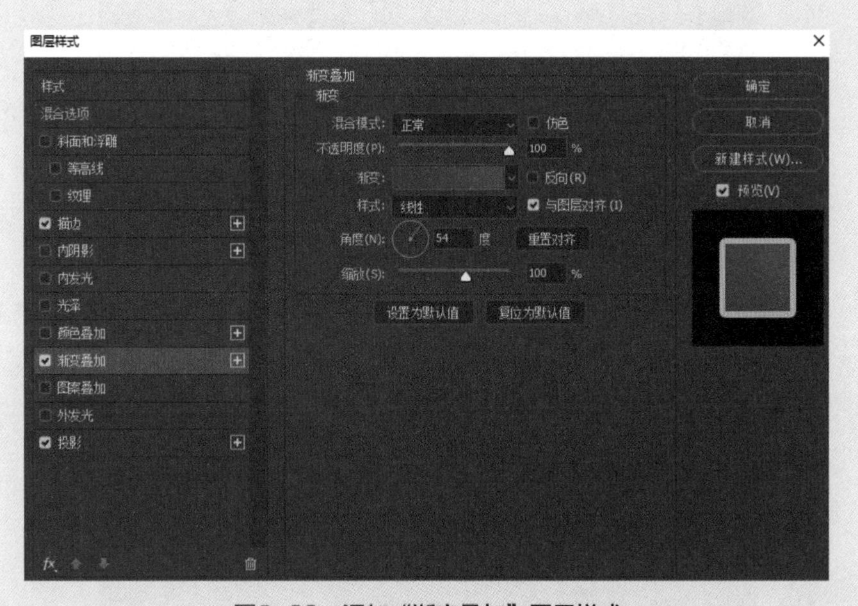

图6-33　添加“渐变叠加”图层样式

步骤06： 选中“投影”复选框，设置投影颜色为深红色，“混合模式”为“正片叠底”，“不透明度”为75%，“距离”为5像素，“大小”为50像素，如图6-34所示。

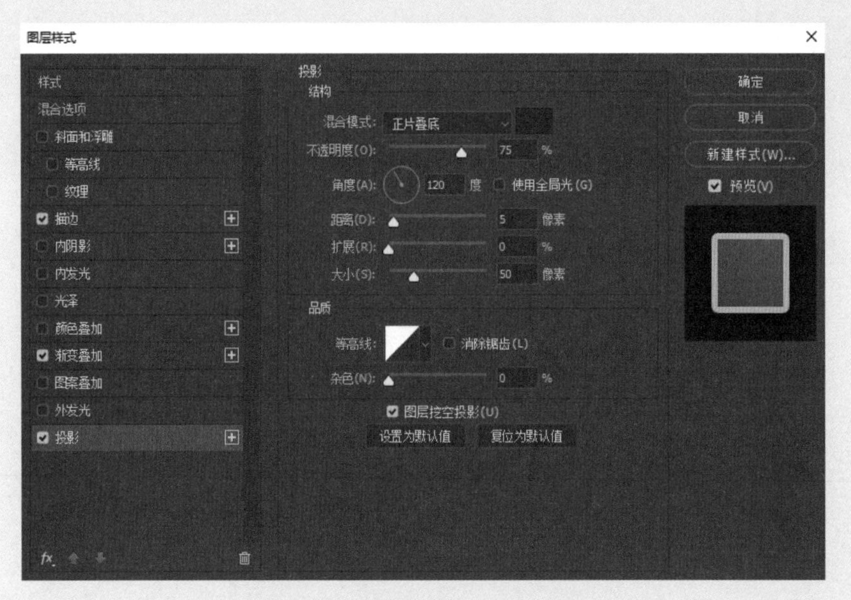

图6-34　添加“投影”图层样式

步骤07：单击“确定”按钮，添加图层样式，效果如图6-35所示。

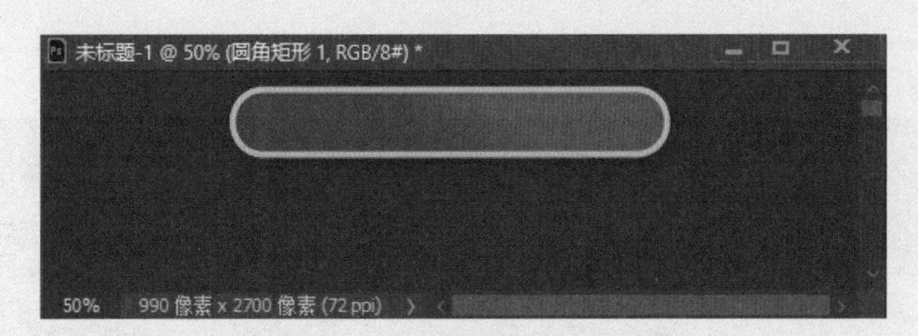

图6-35　添加图层样式后的效果

步骤08：选择“横排文字工具”，设置文字颜色为白色，文字大小为45，输入“店铺优惠券”文本，如图6-36所示。

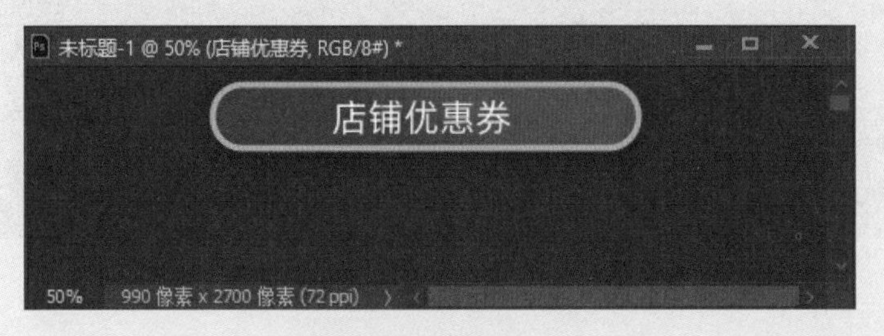

图6-36　输入文本

步骤09：在“图层”面板中选择圆角矩形图层和文字图层，按快捷键Ctrl+G进行编组，并命名为“优惠券标题组”，如图6-37所示。

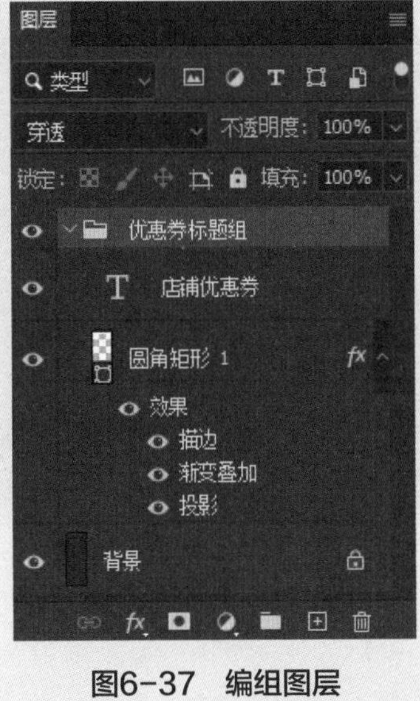

图6-37　编组图层

步骤10：选择“矩形工具”，填充颜色为“白色”，宽度为210像素，高度为300像素，圆角为10像素，如图6-38所示。

图6-38　设置属性

步骤11：绘制一个圆角矩形，如图6-39所示。

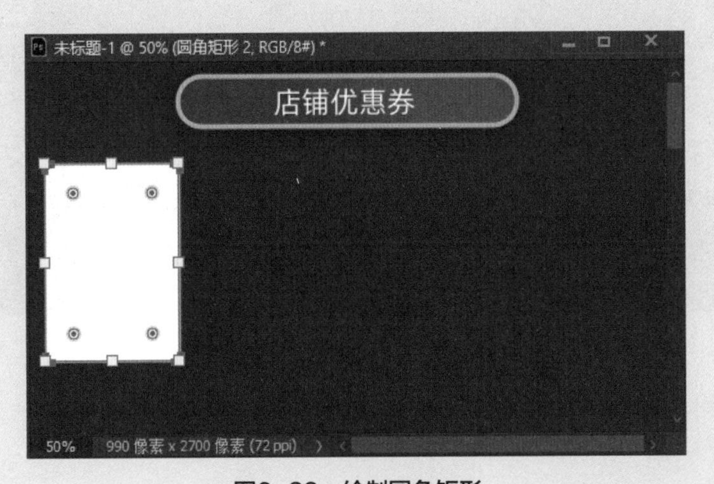

图6-39　绘制圆角矩形

步骤12：选择“矩形1”图层，单击右键选择“拷贝图层样式”，在选择刚才绘制的“圆角矩形2”图层，单击右键选择“粘贴图层样式”，效果如图6-40所示。

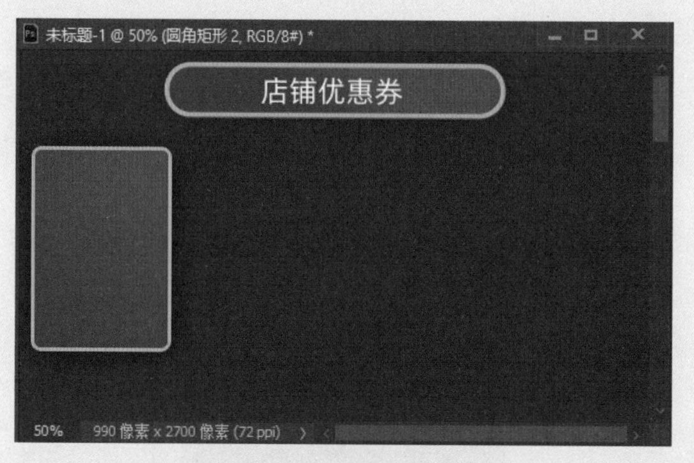

图6-40　粘贴图层样式

步骤13：双击“矩形2”图层上的描边样式，打开图层样式，描边大小调整为8像素，如图6-41所示。

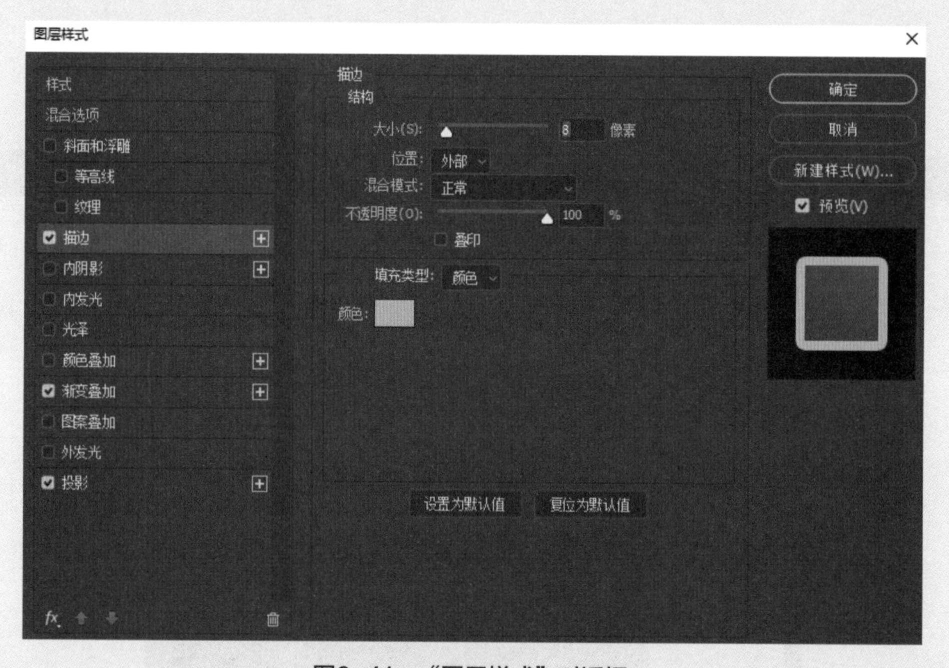

图6-41　“图层样式”对话框

步骤14：选择“横排文字工具”，设置文字颜色为白色，文字大小为30，输入¥符号。设置文字大小为110，输入10。设置文字大小为28，输入“满99使用”文本，如图6-42所示。

步骤15：选择“直线工具”，填充为“白色”，粗细大小为2像素，绘制两条直线，如图6-43所示。

步骤16：选择“矩形工具”，颜色为“白色”，宽度为140像素，高度为40像素，圆角为20像素，绘制一个圆角矩形形状，如图6-44所示。

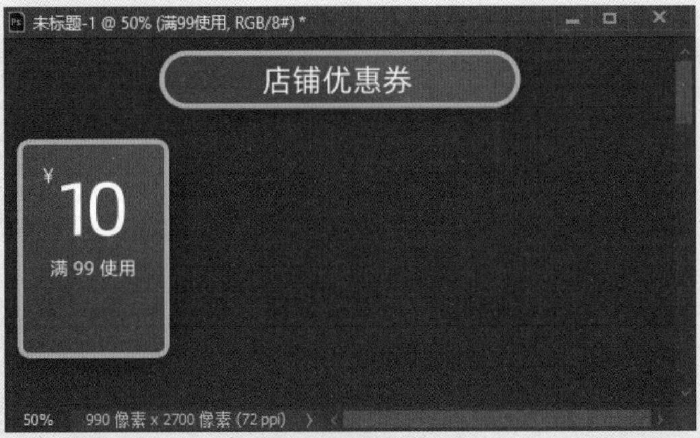

未标题-1 @ 50% (满99使用, RGB/8#) *
店铺优惠券
¥
10
满 99 使用
50%
990 像素 x 2700 像素 (72 ppi)
图6-42　输入文本

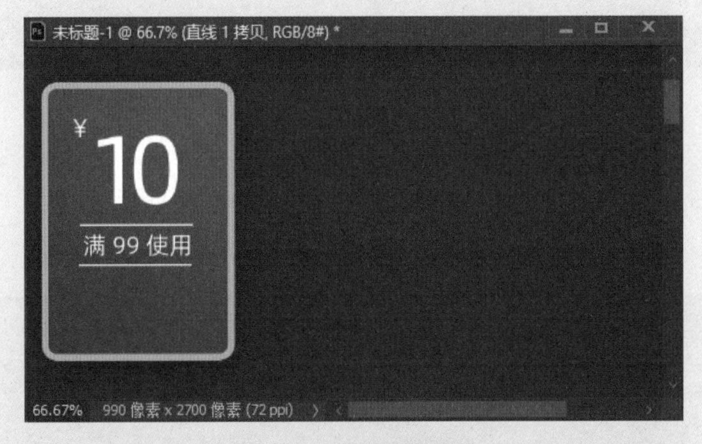

未标题-1 @ 66.7% (直线 1 拷贝, RGB/8#) *
¥
10
满 99 使用
66.67%
990 像素 x 2700 像素 (72 ppi)
图6-43　绘制两条直线

未标题-1 @ 66.7% (圆角矩形 3, RGB/8#) *
¥
10
满 99 使用
66.67%
990 像素 x 2700 像素 (72 ppi)
图6-44　绘制圆角矩形

步骤17：选择“矩形图层”，添加图层样式“渐变叠加”，颜色为“黄色渐变”，角度为0度，如图6-45所示。

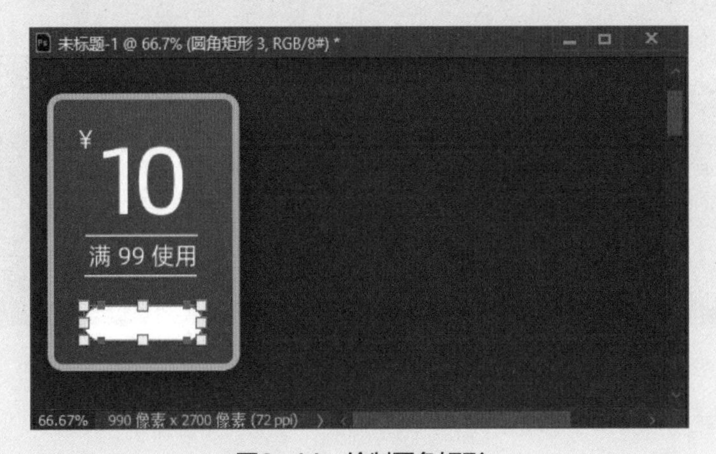

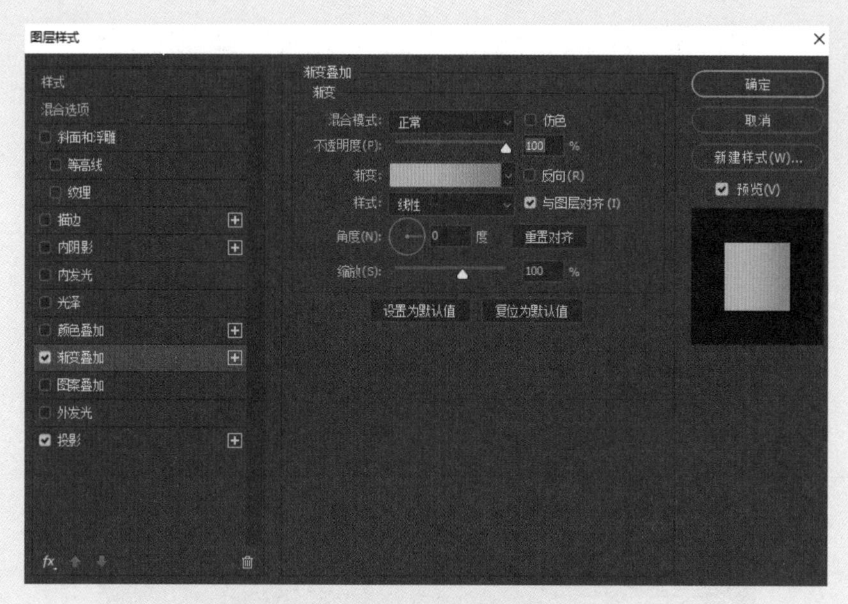

图6-45　设置“渐变叠加”图层样式

步骤18：选中“投影”复选框，设置颜色为深红色，“混合模式”为“正片叠底”，“不透明度”为75%，“角度”为120度，“距离”为2像素，“大小”为2像素，如图6-46所示。

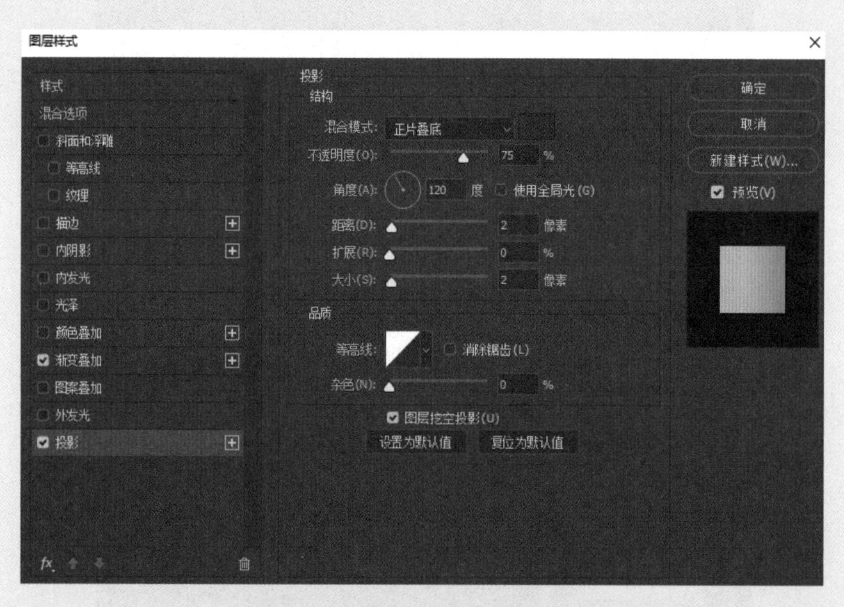

图6-46　设置“投影”图层样式

步骤19：单击“确定”按钮，添加图层样式，效果如图6-47所示。

图6-47　添加图层样式后的效果

步骤20：选择“横排文字工具”，设置文字颜色为深红色，文字大小为18，输入“立即领取>”文本，如图6-48所示。

图6-48　输入文本

步骤21：在“图层”面板中，选择制作优惠券的几个图层，按快捷键Ctrl+G进行编组，并命名为“优惠券组”，如图6-49所示。

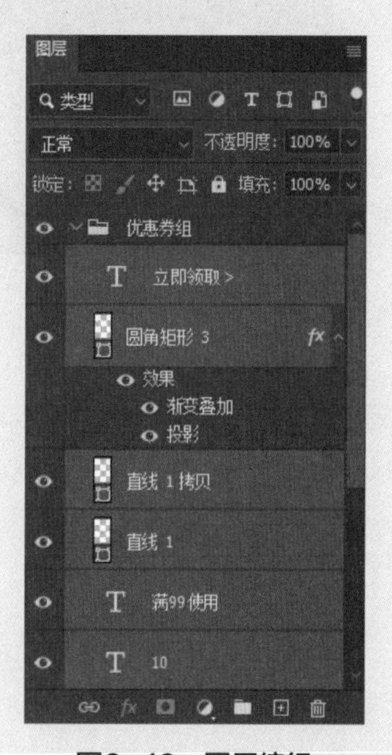

图6-49　图层编组

步骤22： 在“图层”面板中复制优惠券组，移动位置后修改优惠券金额，如图6-50所示。

图6-50　复制并修改文字

步骤23： 在“图层”面板中选择优惠券标题组和优惠券组，按快捷键Ctrl+G进行编组，并命名为“优惠组”，如图6-51所示。

步骤24： 在“图层”面板中，复制优惠券标题组，将该组移出优惠组，并命名为“店铺爆款推荐”，如图6-52所示。

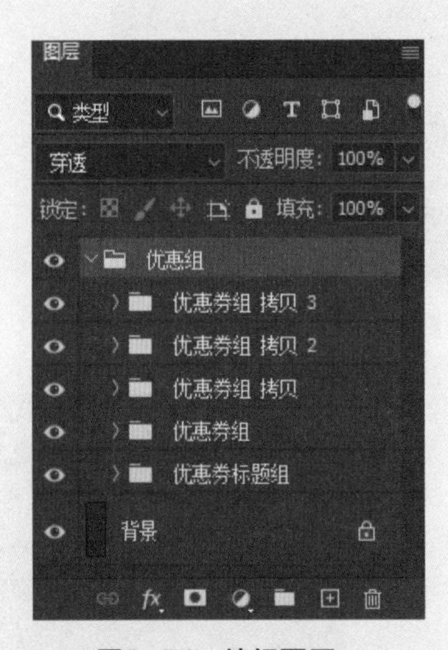

图6-51　编组图层

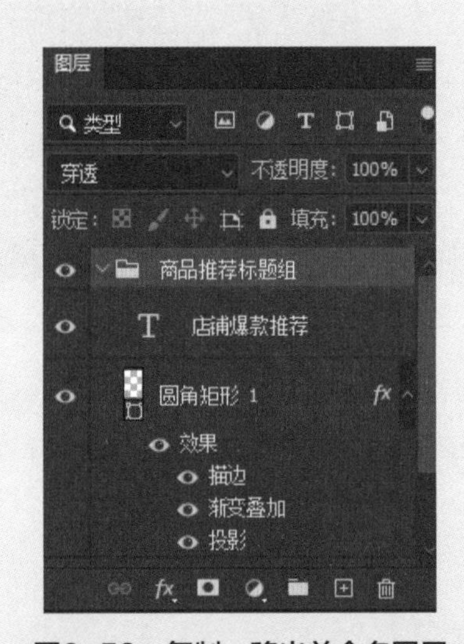

图6-52　复制、移出并命名图层

步骤25： 移动商品推荐标题组的位置，并修改文字为“店铺爆款推荐”，如图6-53所示。

图6-53　移动标题组并修改文字

步骤26：选择“矩形工具”，颜色为“白色”，宽度为940像素，高度为370像素，圆角为20像素，绘制形状如图6-54所示。

图6-54　绘制圆角矩形

步骤27：在“图层”面板中选择优惠券组中圆角矩形下的图层样式，并复制到圆角矩形上，如图6-55所示。

步骤28：在“图层”面板中，双击“描边”效果，打开“图层样式”对话框，设置“大小”为12像素，如图6-56所示。

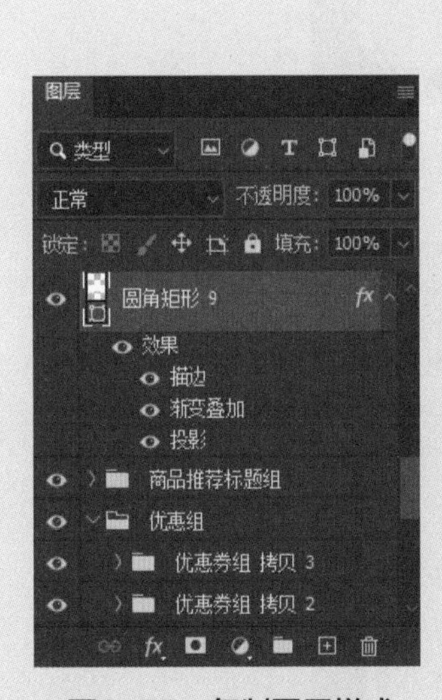

图6-55　复制图层样式

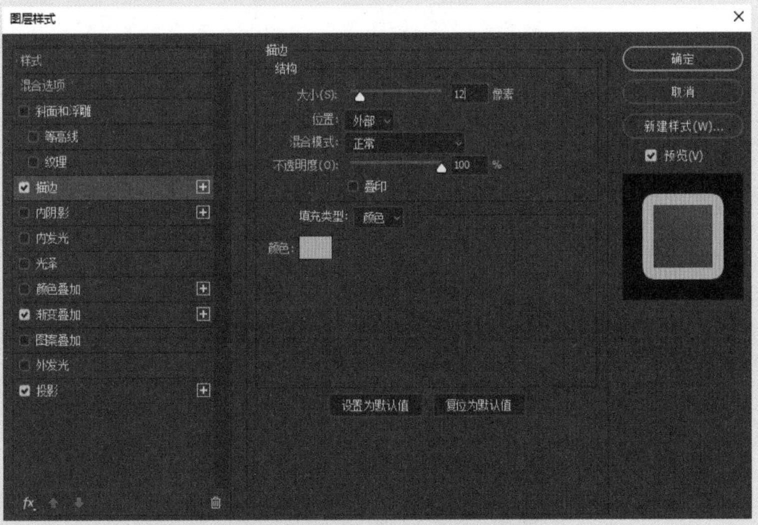

图6-56　设置“描边”图层样式

步骤29：单击“确定”按钮，添加图层样式，效果如图6-57所示。

步骤30：打开“产品素材1”文件，拖至当前文档中，并调至合适的位置，如图6-58所示。

步骤31：选择文字工具，文字大小为50，输入文本“电池炉不粘炒锅”，在设置文字大小为30，输入文本“加厚锅体更耐用”，如图6-59所示。

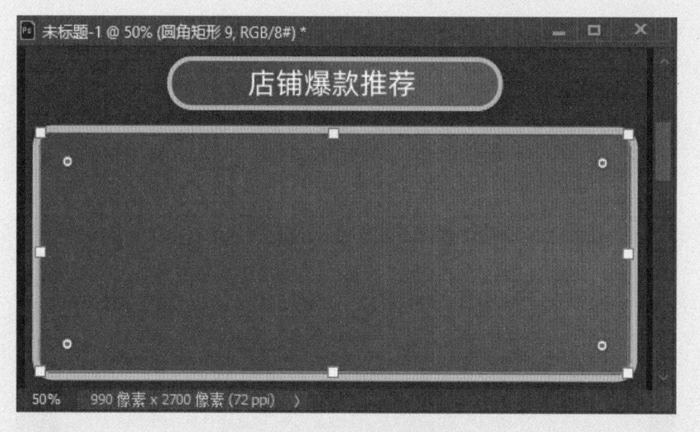

图6-57　添加图层样式

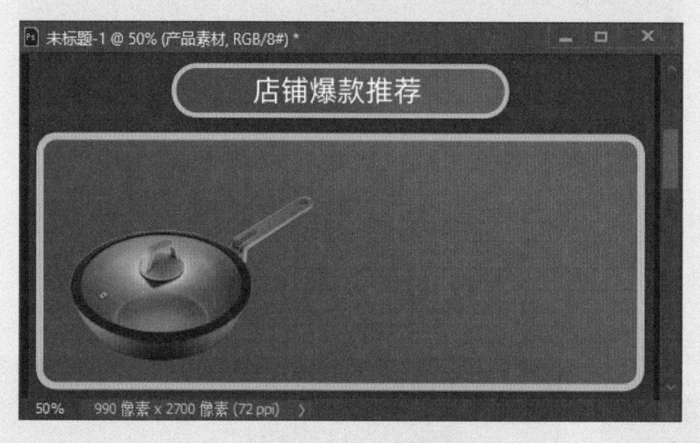

图6-58　添加素材

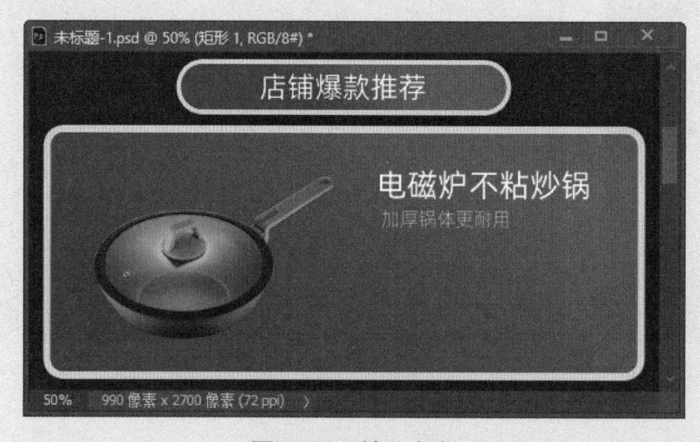

图6-59　输入文本

步骤32：选择“矩形工具”，宽度为425像素，高度为75像素，圆角为10像素，绘制形状如图6-60所示。

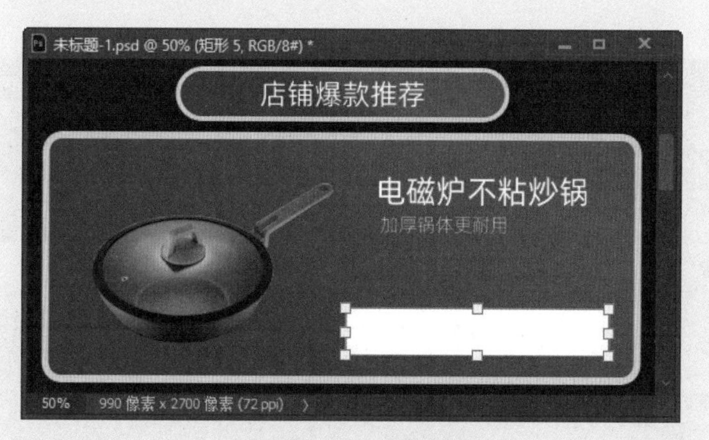

图6-60　绘制圆角矩形

步骤33：选中圆角矩形，添加“渐变叠加”图层样式，设置渐变为黄色，“角度”为95度，如图6-61所示。

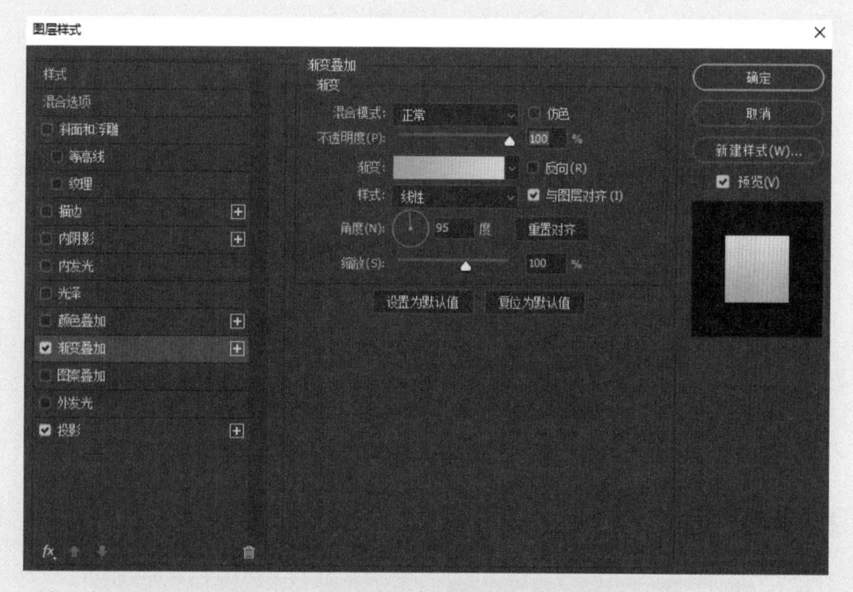

图6-61　添加“渐变叠加”图层样式

步骤34：选中“投影”复选框，设置“混合模式”为“正片叠底”，“不透明度”为75%，“角度”为90度，“距离”为5像素，“大小”为3，单击“确定”按钮添加图层样式，如图6-62所示。

步骤35：选择“横排文字工具”，设置文字大小为40，颜色为红色，输入“双11价：”文本。设置文字大小为70，颜色为红色，输入129。设置文字大小为16，颜色为红色，输入“立即抢购”文本，调整文字的位置，如图6-63所示。

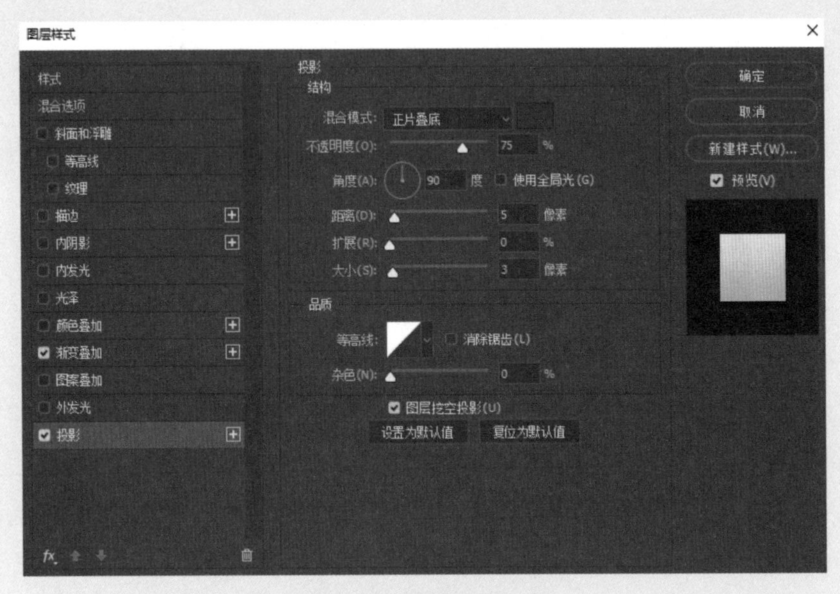

图6-62　设置图层样式

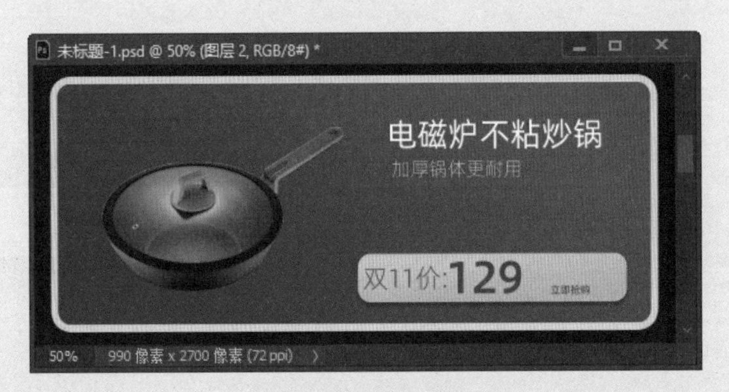

图6-63　输入文本

步骤36：打开“购物车素材”文件，拖至当前文档中，并调整到合适的位置，如图6-64所示。

图6-64　调整后的效果

步骤37：选择“椭圆工具”，按住Shift键，在左上角绘制正圆形，如图6-65所示。

图6-65　绘制正圆形

步骤38：选择“圆形图层”，添加“渐变叠加”图层样式，“渐变”设置为红色到黄色的渐变，“角度”为83度，如图6-66所示。

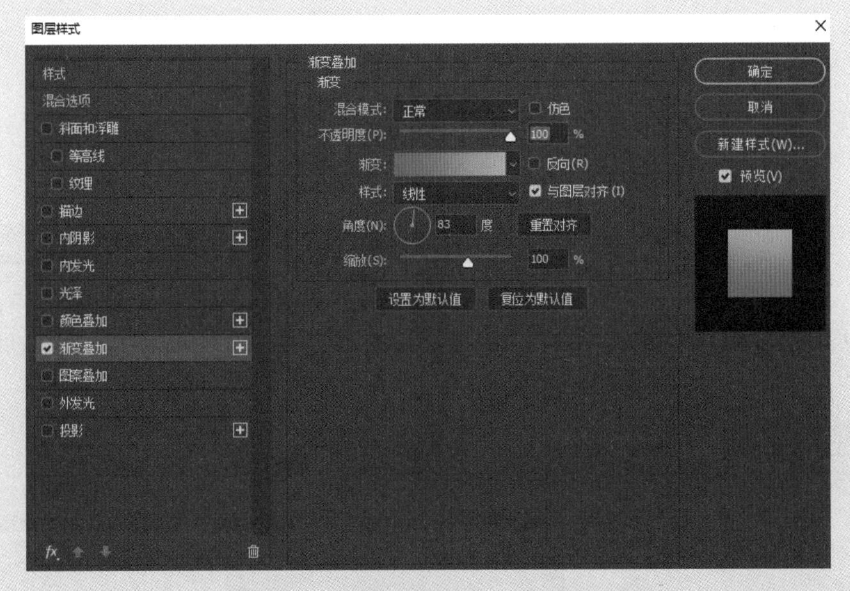

图6-66　调整“渐变叠加”图层样式

步骤39：单击“确定”按钮，添加图层样式，如图6-67所示。

图6-67　添加图层样式后的效果

步骤40：选择“横排文字工具”，设置文字大小为30，颜色为白色，输入“11 11特供”文本，如图6-68所示。

图6-68 输入文本

步骤41：在“图层”面板中选择制作商品推荐的图层，按快捷键Ctrl+G进行编组，并命名为“商品推荐”，如图6-69所示。

步骤42：在“图层”面板中复制“商品推荐”组，打开“产品素材”文件并拖至当前文档，修改产品名称和价格等，如图6-70所示。

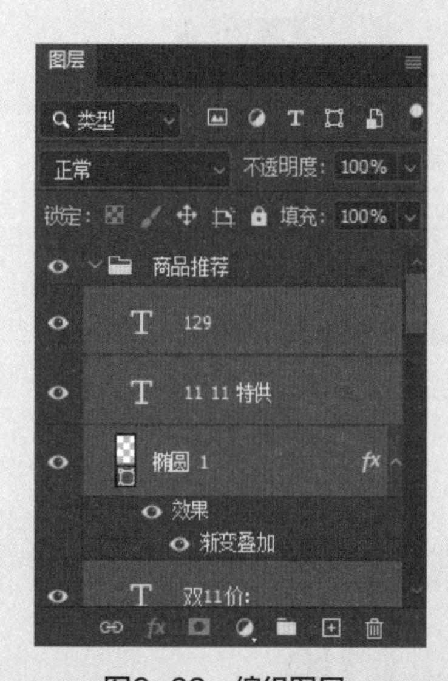

图6-69 编组图层

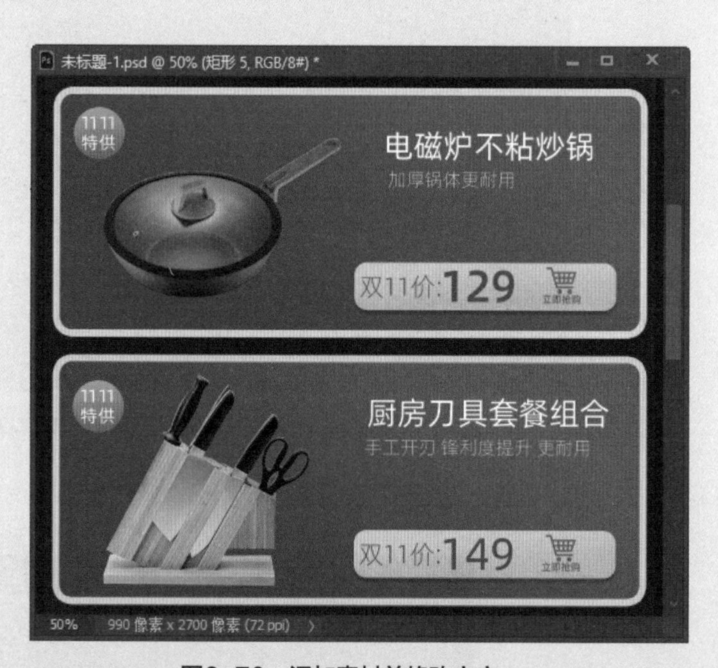

图6-70 添加素材并修改文字

步骤43：在“图层”面板中选择“商品推荐”和“标题”组，按快捷键Ctrl+G进行编组，并命名为“商品推荐组”，如图6-71所示。

步骤44：选择“优惠券标题组”并复制，修改名称为“商品推荐”，如图6-72所示。

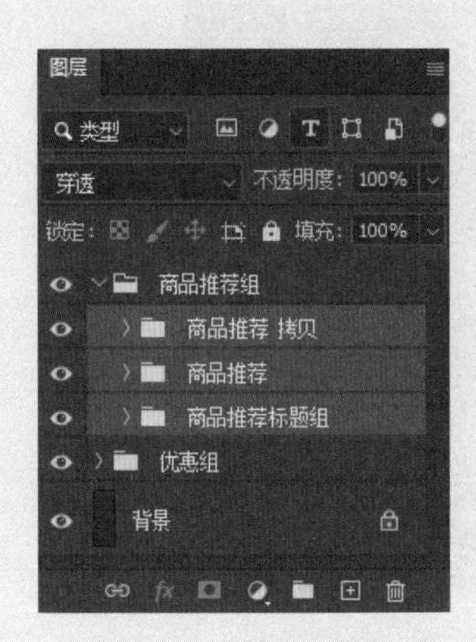

图6-71　复制图层组

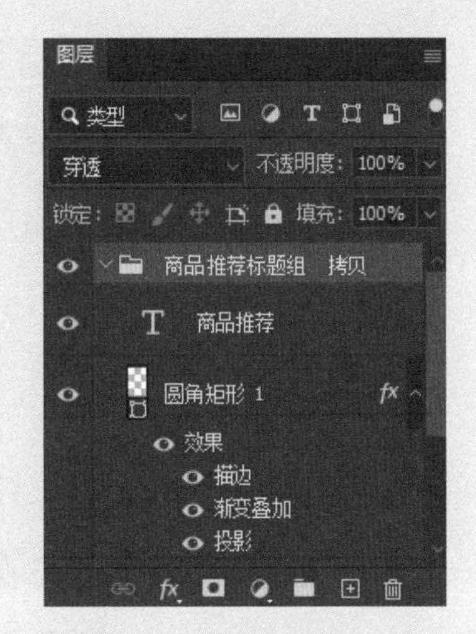

图6-72　复制图层组并命名

步骤45：移动商品推荐组图像的位置，如图6-73所示。

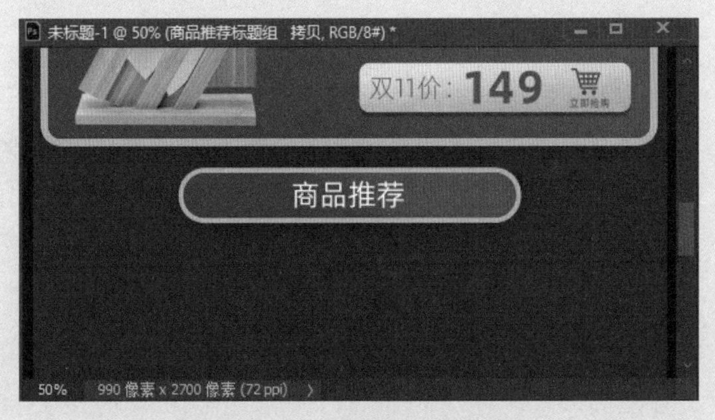

图6-73　移动图层组图像

步骤46：选择“矩形工具”，属性为“形状”，宽度为458像素，高度为548像素，圆角为20像素，如图6-74所示。

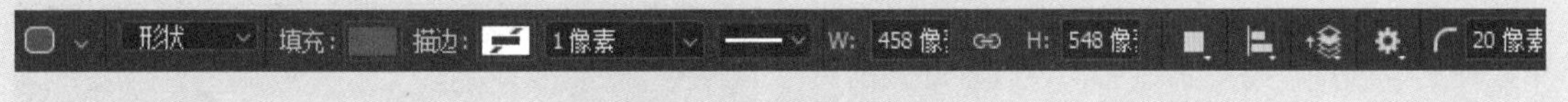

图6-74　设置工具属性

步骤47：绘制圆角矩形，如图6-75所示。

步骤48：选择“矩形图层”，添加“投影”效果，颜色为“深红色”、模式为“正片叠底”，不透明度为50%，距离为8像素，大小为25像素，如图6-76所示。

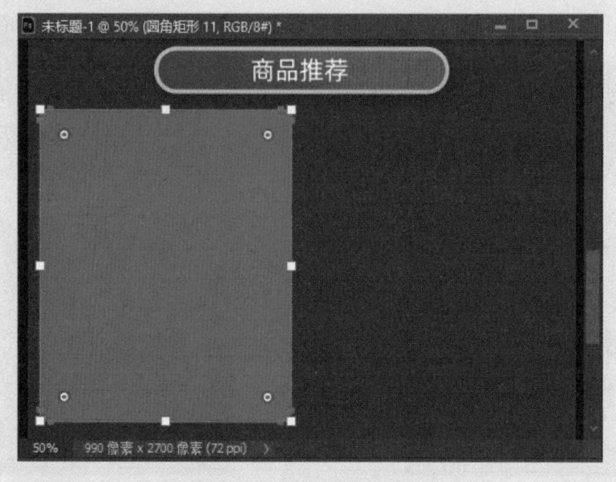

图6-75　绘制圆角矩形

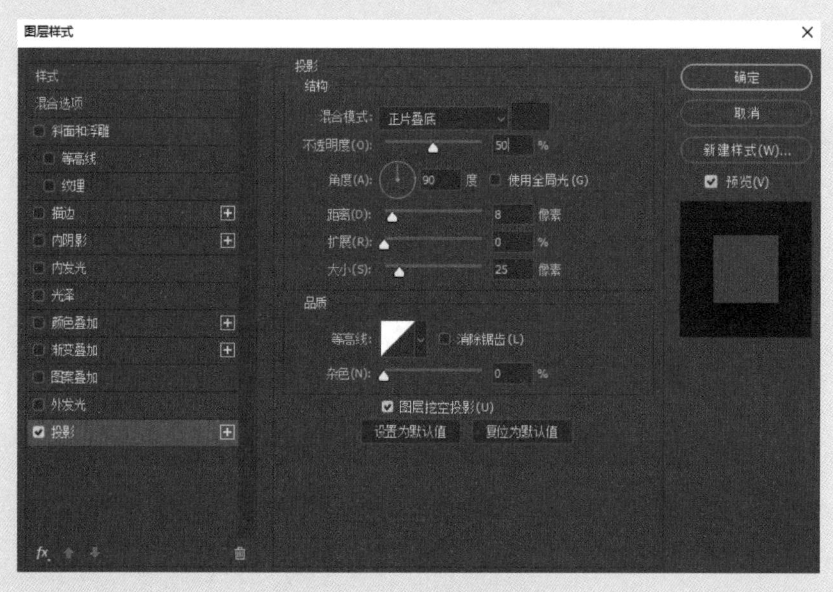

图6-76　添加图层样式

步骤49：单击“确定”按钮，添加图层样式。新建图层，选择“画笔工具”，设置不同的前景色，在画布中单击绘制不同的色点，如图6-77所示。

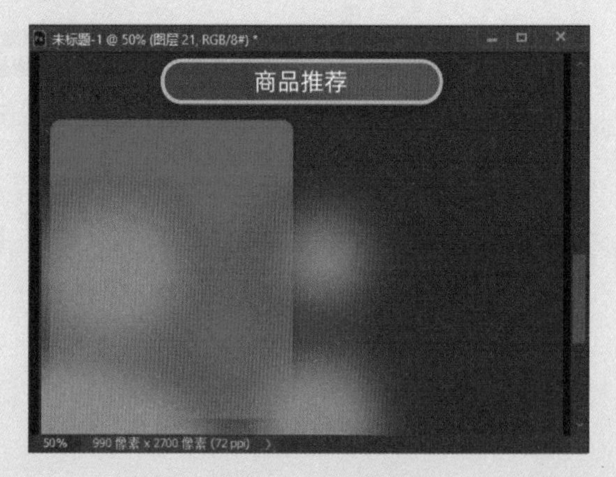

图6-77　绘制色点

步骤50：在“图层”面板，选择新建的图层，并创建剪贴蒙版，修改混合模式为“叠加”，如图6-78所示，效果如图6-79所示。

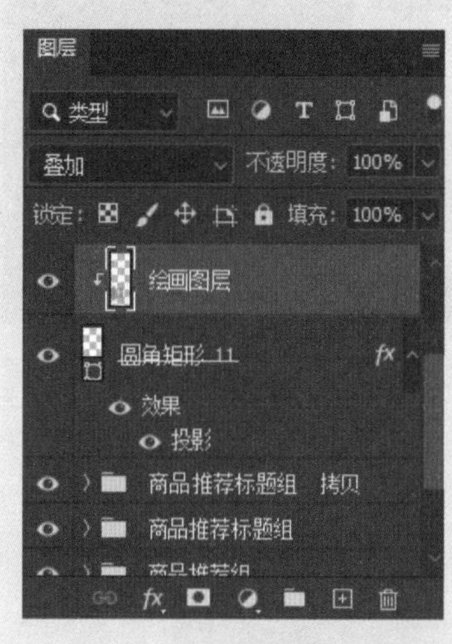

图6-78 修改混合模式

图6-79 调整后的效果

步骤51：选择“矩形工具”，设置填充颜色为白色，绘制矩形。在“图层”面板中创建剪贴蒙版，效果如图6-80所示。

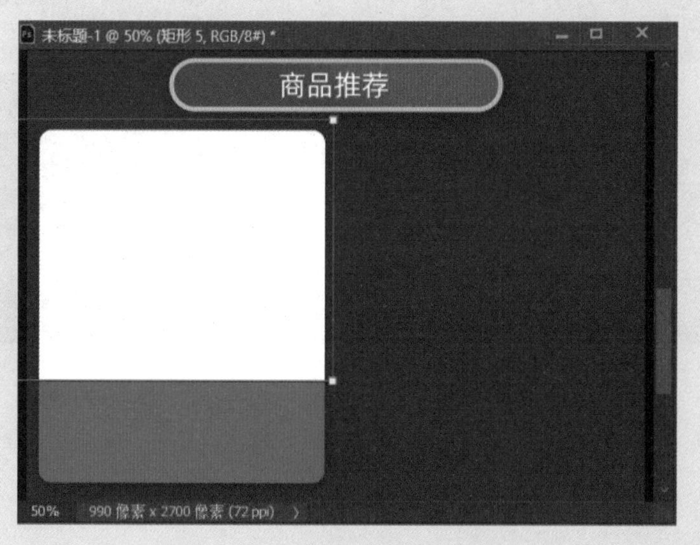

图6-80 绘制矩形并创建剪贴蒙版

步骤52：打开“产品素材”文件，拖至当前文档中，并调至合适的位置，如图6-81所示。

步骤53：选择“矩形工具”，设置颜色为白色，宽度为420像素，高度为20像素，圆角为20像素，绘制如图6-82所示的圆角矩形。

图6-81　添加素材

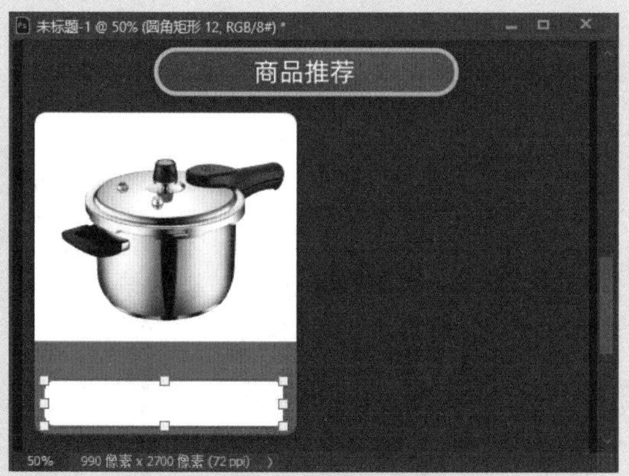

图6-82　绘制圆角矩形

步骤54： 选择“矩形工具”，颜色为“白色”，宽度为420像素，高度为80像素，圆角为20像素，绘制圆角矩形，如图6-83所示。

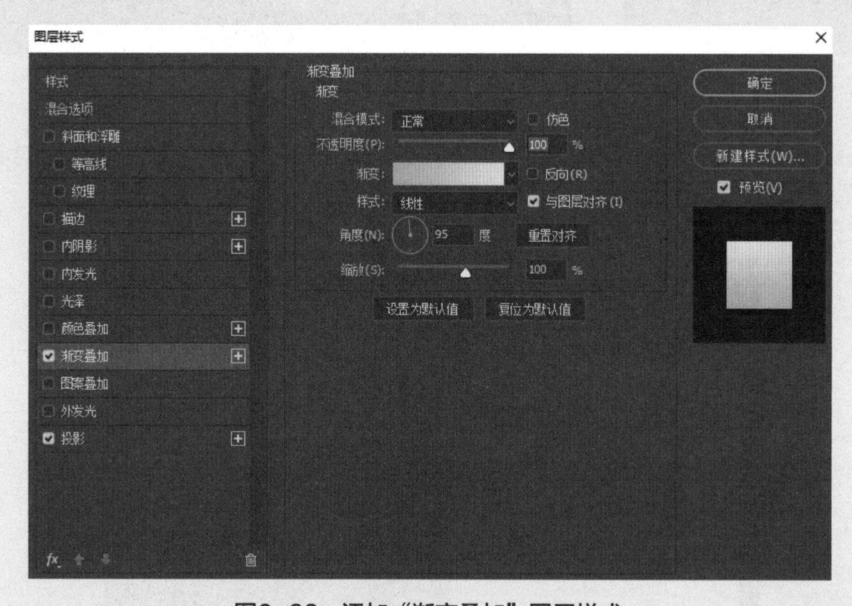

图6-83　添加“渐变叠加”图层样式

步骤55： 选择“矩形图层”，添加“渐变叠加”效果，渐变调整为“黄色渐变”效果，如图6-84所示。

步骤56： 单击“确定”按钮，添加图层样式，如图6-85所示。

步骤57： 选择“横排文字工具”，输入“高压锅304不锈钢”“立即抢购”和“¥199”文本，并调整其位置、大小和颜色，如图6-86所示。

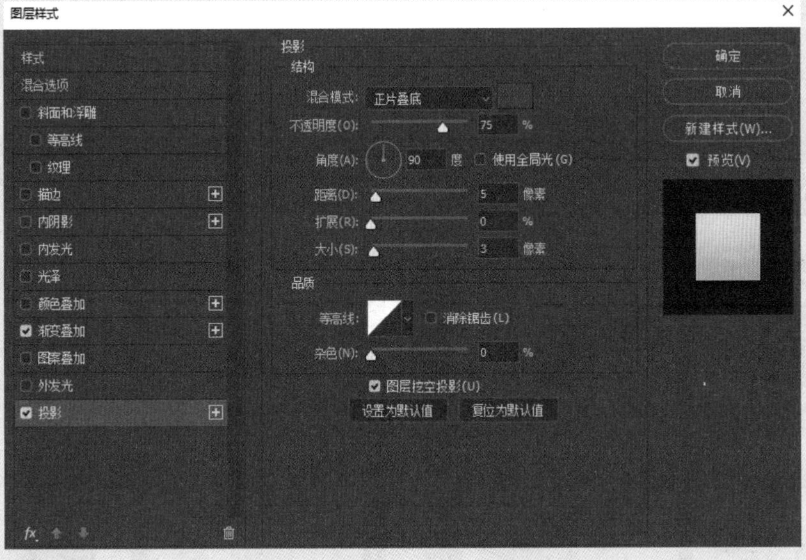

图6-84　添加“投影”图层样式

图6-85　图层样式后的效果

图6-86　输入文本

步骤58：在“图层”面板中选择产品相关的图层，按快捷键Ctrl+G进行编组，并命名为“产品组”，如图6-87所示。

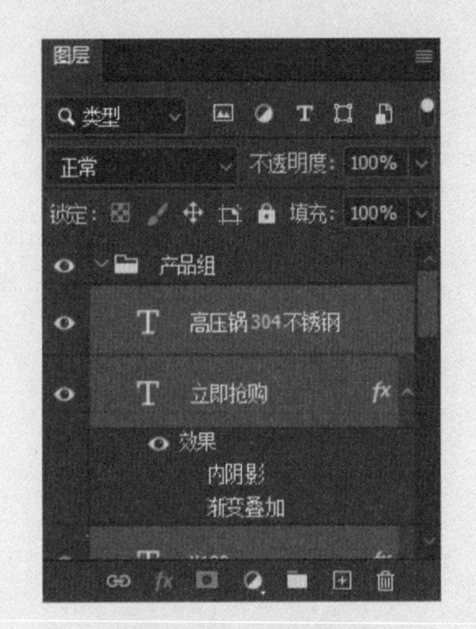

图6-87　图层编组

步骤59：复制“产品组”，并调整位置，如图6-88所示。

步骤60：打开“产品素材”文件，替换产品中的图片，修改产品标题和金额等，如图6-89所示。

图6-88　调整后的效果

图6-89　替换商品图片

步骤61：在“图层”面板中，选择这4个产品组和标题组，按快捷键Ctrl+G进行编组，如图6-90所示。

步骤62：选中“文件”→“存储”命令保存文件，最终效果如图6-91所示。

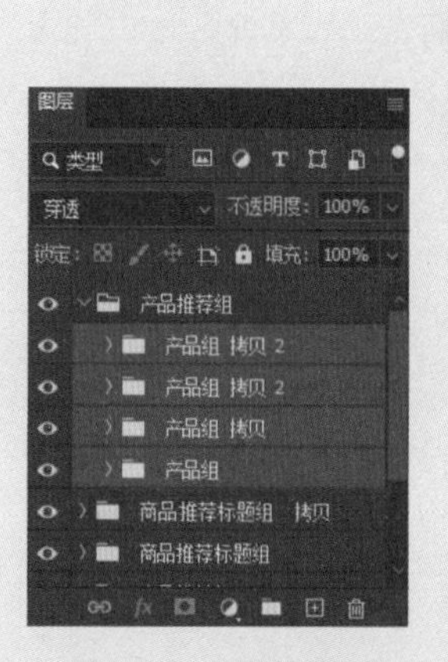

图6-90　编组图层

图6-91　最终效果

6.3 Dreamweaver 页面排版

本节介绍使用 Photoshop 对制作好的图片进行切片，再进入 Dreamweaver 进行页面排版的方法。

6.3.1 切片

本小节介绍 Photoshop 切片工具的使用方法，具体操作步骤如下。

步骤01：按快捷键Ctrl+R显示标尺，并创建如图6-92所示的参考线。

步骤02：选择“切片工具”，在属性栏中单击“基于参考线的切片”按钮按照参考线进行切片，如图6-93所示。

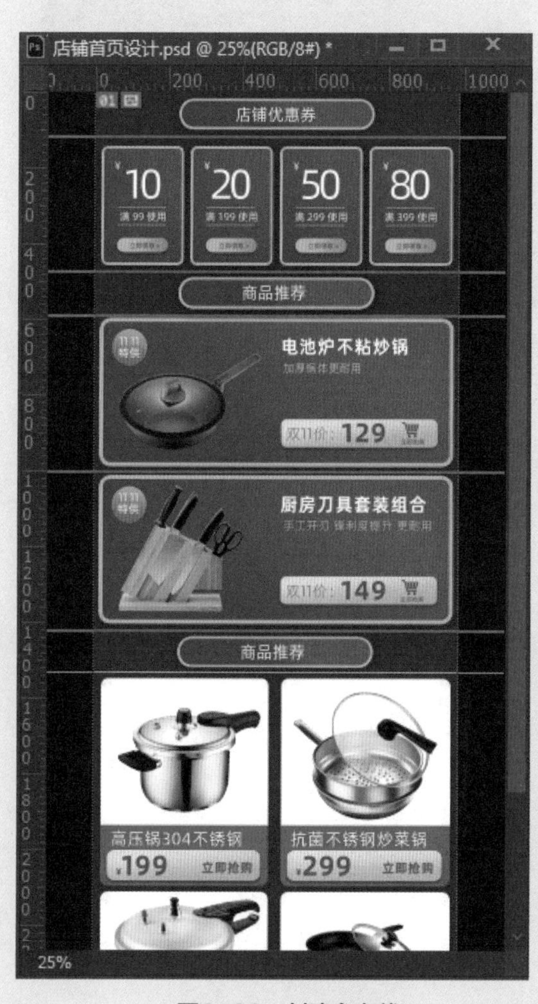

图6-92　创建参考线

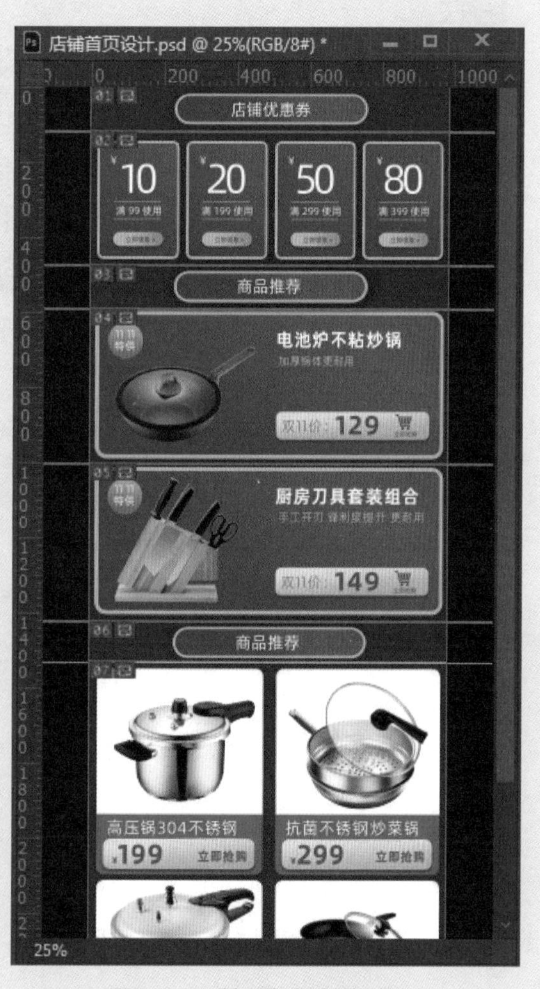

图6-93　基于参考线进行切片

步骤03：执行“文件”→“导出”→“存储为Web所用格式”命令，弹出“存储为Web所用格式”对话框，如图6-94所示。

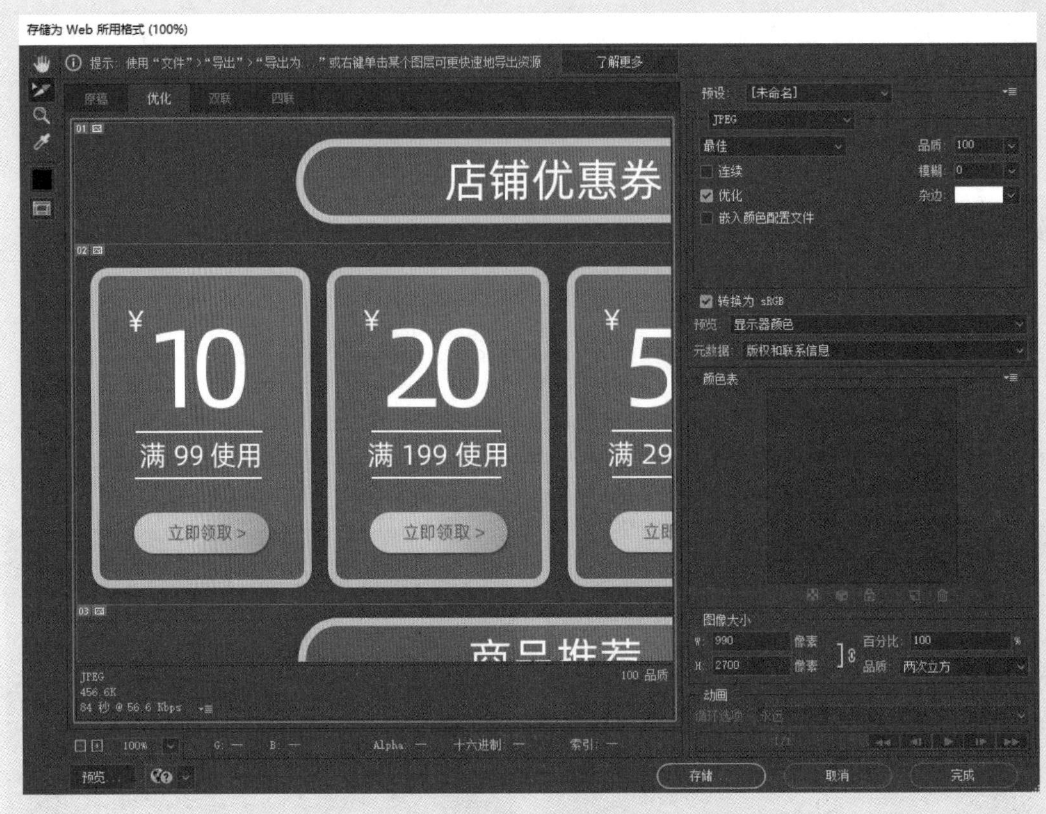

图6-94　“存储为Web所用格式”对话框

步骤04：单击“存储”按钮，在弹出的“将优化结果存储为”对话框中选择“格式”为“HTML和图像”，单击“保存”按钮保存文件，如图6-95所示。

图6-95　“将优化结果存储为”对话框

步骤05：打开优惠券图片，如图6-96所示。

步骤06：按快捷键Ctrl+R显示标尺，创建如图6-97所示的参考线。

步骤07：选择“切片工具”，在属性栏中单击“基于参考线的切片”按钮按照参考线进行切片，如图6-98所示。

图6-96　打开优惠券图片

图6-97　创建参考线

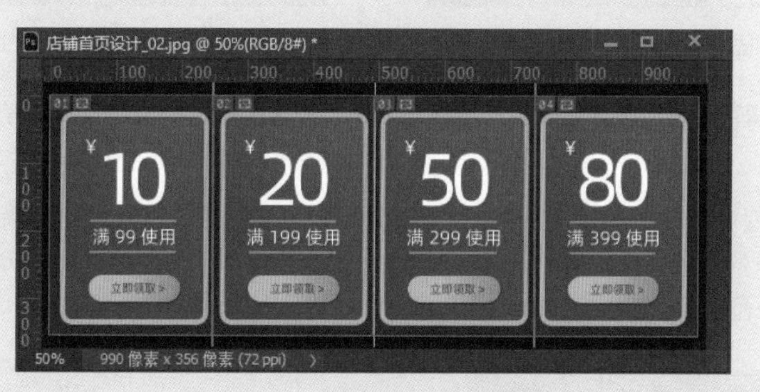

图6-98　基于参考线的切片

步骤08：执行“文件”→“导出”→“存储为Web所用格式”命令，弹出“存储为Web所用格式”对话框，单击“存储”按钮。在弹出的“将优化结果存储为”对话框中选择“格式”为“HTML和图像”，“文件名”为“优惠券.html”，单击“保存”按钮保存文件，如图6-99所示。

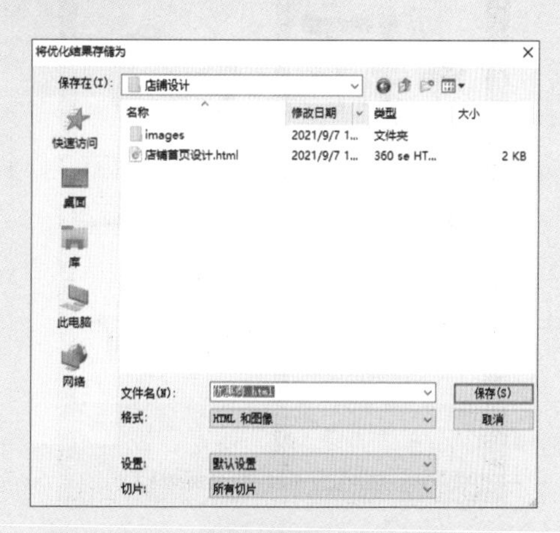

图6-99　“将优化结果存储为”对话框

6.3.2 商品切片

本小节介绍商品图切片的方法，具体操作步骤如下。

步骤01： 打开产品图文件，如图6-100所示。

步骤02： 按快捷键Ctrl+R显示标尺，创建如图6-101所示的参考线。

图6-100 打开产品图

图6-101 创建参考线

步骤03： 选择“切片工具”，在属性栏中单击“基于参考线的切片”按钮按照参考线进行切片，如图6-102所示。

步骤04： 执行“文件”→“导出”→“存储为Web所用格式”命令，弹出“存储为Web所用格式”对话框，单击“存储”按钮。在弹出的“将优化结果存储为”对话框中选择“格式”为“HTML和图像”，“文件名”为“商品推荐.html”，单击“保存”按钮保存文件，如图6-103所示。

图6-102 基于参考线的切片

图6-103 “将优化结果存储为”对话框

步骤05：进入天猫店铺后台，打开图片空间，将图片上传到店铺图片空间，如图6-104所示。

图6-104　上传图片到图片空间

6.3.3　Dreamweaver 排版设计

本小节介绍 Dreamweaver 的使用方法，主要将 Photoshop 中保存的网页素材替换成天猫店铺图片空间中的素材，具体的操作方法如下。

步骤01：启动Dreamweaver，打开“店铺首页设计.html”页面，如图6-105所示。

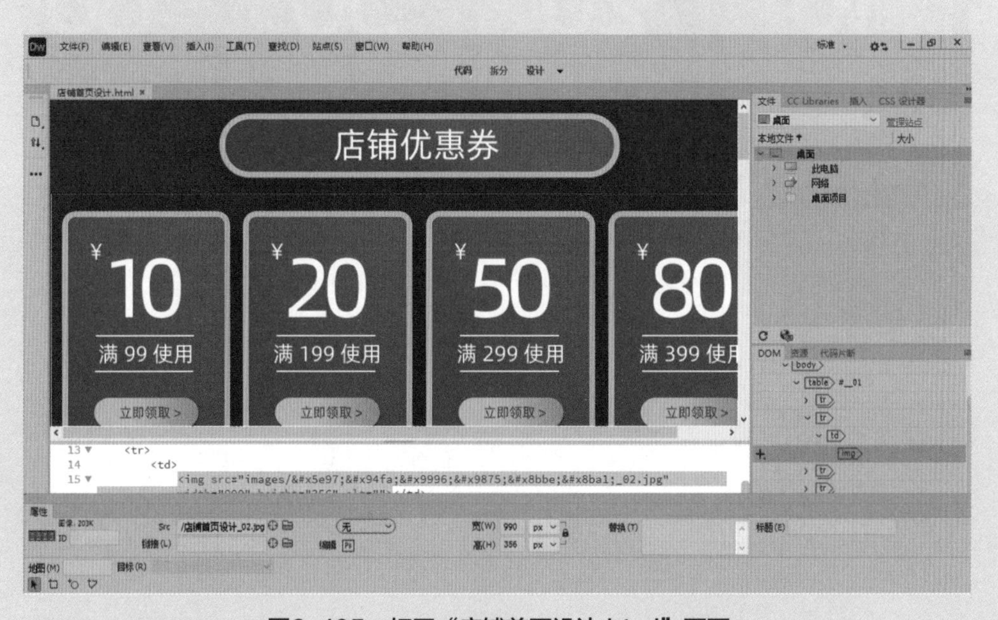

图6-105　打开“店铺首页设计.html”页面

步骤02：选择优惠券，将<td>和</td>之间的代码删除，这是优惠券图片的代码，如图6-106所示。

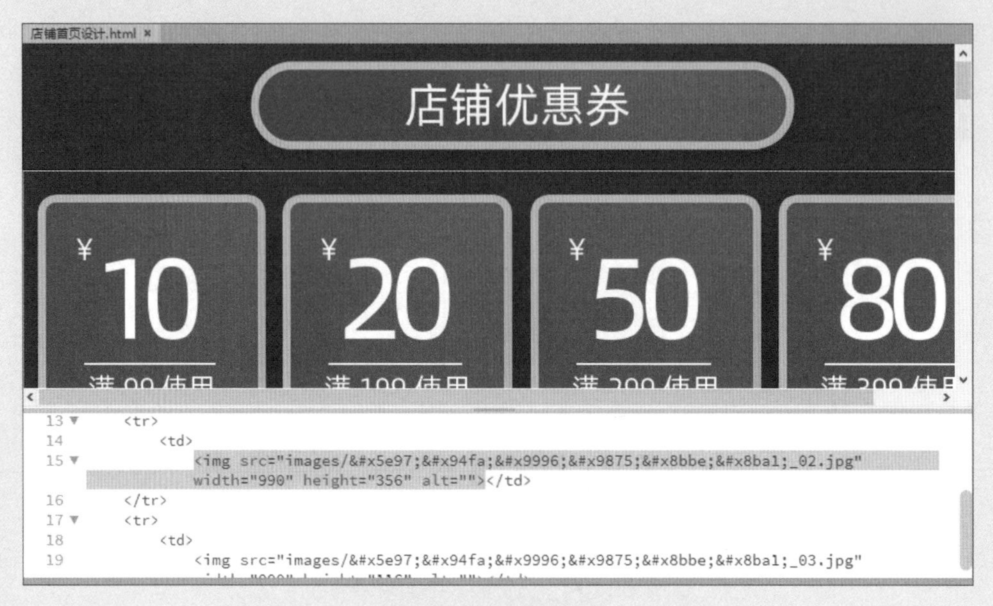

图6-106　删除代码

步骤03：打开“优惠券.html”页面，如图6-107所示。

图6-107　“优惠券.html”页面

步骤04：选择<table id="__01"…<table>代码（优惠券的表格代码），复制到店铺首页中删除优惠券的位置，如图6-108所示。

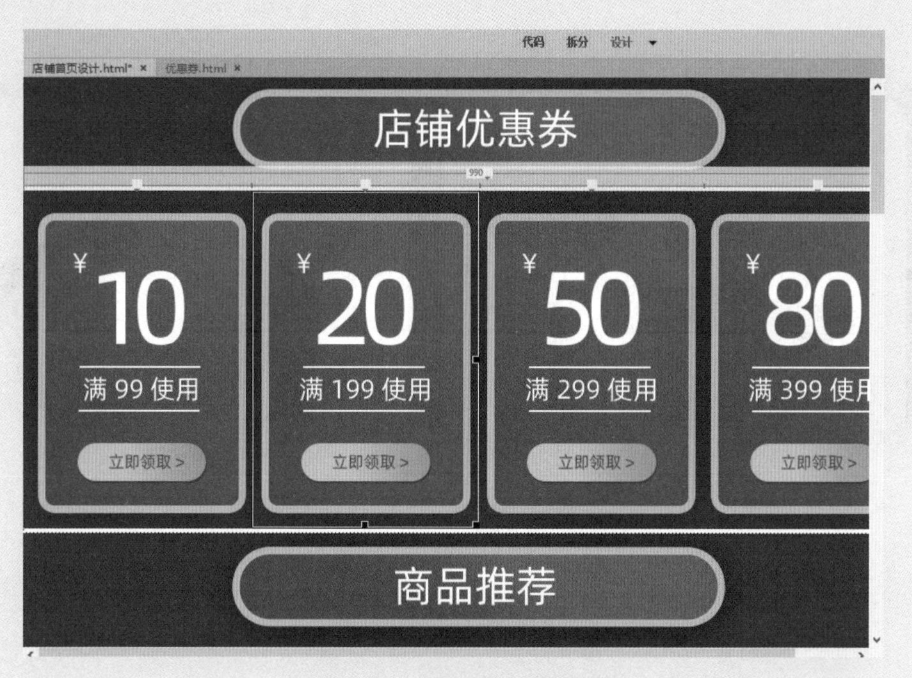

图6-108　复制代码后的效果

步骤05：在“店铺首页设计.html”页面中选择商品推荐的图片代码，如图6-109所示。

图6-109　选择代码

步骤06：删除商品推荐的图片代码，如图6-110所示，打开“商品推荐.html” 页面。

图6-110 删除商品推荐的图片代码

步骤07：复制<table id="__01"…</table>之间的代码，粘贴到删除代码的位置，如图6-111所示。

图6-111 粘贴代码

通过这样的操作，就可以将“优惠券 .html”和“商品推荐 .html”的表格之间的代码替换到“店铺首页设计 .html”中。

6.3.4 替换图片

本小节介绍将“店铺首页设计 .html”中的图片替换成天猫店铺图片空间中图片的方法，具体操作步骤如下。

步骤01：在Dreamweaver中，选择“店铺优惠券”图片，此时在代码中显示对应的代码，选择图片代码，如图6-112所示。

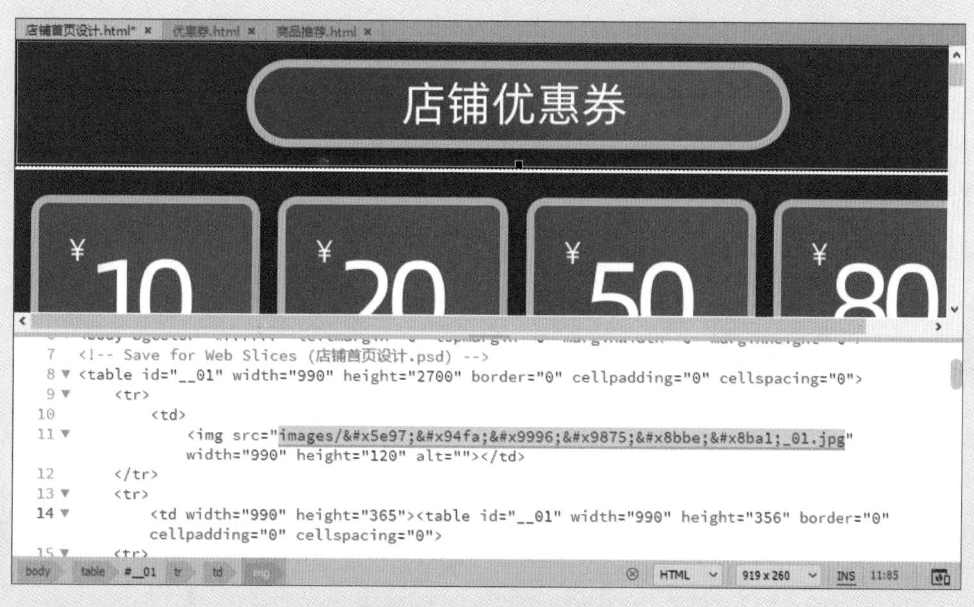

图6-112 选择图片代码

步骤02：在图片空间中单击“复制代码”按钮，复制店铺优惠券的代码，如图6-113所示。

图6-113 复制代码

步骤03：回到Dreamweaver软件中，将图片的代码替换成图片空间的代码，如图6-114所示。

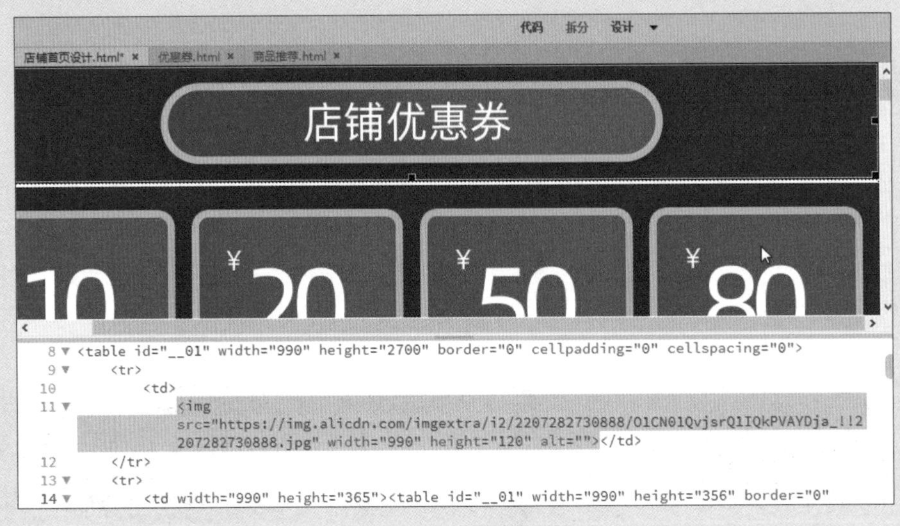

图6-114　替换代码

采用同样的方法，将其他图片替换成图片空间的代码。

6.3.5　添加自定义模块

本小节介绍将店铺设计页面中的表格代码复制到天猫店铺首页的自定义模块中的方法，具体操作步骤如下。

步骤01：打开“店铺装修设计.html”页面，选择<table>和</table>之间的代码，如图6-115所示。

```
代码 拆分 设计
店铺首页设计.html* × 优惠券.html × 商品推荐.html ×
1  <html>
2  <head>
3  <title>店铺首页设计</title>
4  <meta http-equiv="Content-Type" content="text/html; charset=utf-8">
5  </head>
6  <body bgcolor="#FFFFFF" leftmargin="0" topmargin="0" marginwidth="0" marginheight="0">
7  <!-- Save for Web Slices (店铺首页设计.psd) -->
8  <table id="__01" width="990" height="2700" border="0" cellpadding="0" cellspacing="0">
9      <tr>
10         <td>
11             <img
               src="https://img.alicdn.com/imgextra/i2/2207282730888/O1CN01QvjsrQ1IQkPVAYDja_!!2
               207282730888.jpg" width="990" height="120" alt=""></td>
12     </tr>
13     <tr>
14         <td width="990" height="365"><table id="__01" width="990" height="356" border="0"
           cellpadding="0" cellspacing="0">
15     <tr>
16         <td>
17             <img
               src="https://img.alicdn.com/imgextra/i1/2207282730888/O1CN01BxJaQ11IQkPVAaQyu_!!2
               207282730888.jpg" width="248" height="356" alt=""></td>
18         <td>
19             <img
               src="https://img.alicdn.com/imgextra/i2/2207282730888/O1CN01rc8rJL1IQkPR0sV16_!!2
               207282730888.jpg" width="247" height="356" alt=""></td>
body table #__01                                   HTML  INS 59:9
```

图6-115　选择代码

步骤02：按快捷键Ctrl+C复制代码，打开天猫店铺装修后台，打开自定义内容区并粘贴代码，如图6-116所示。

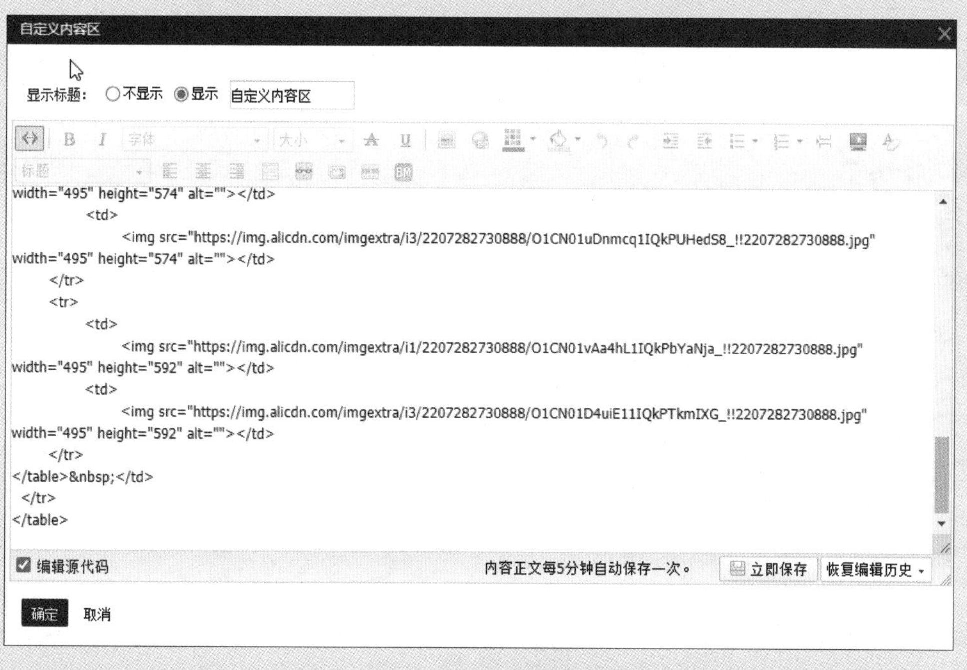

图6-116　粘贴代码

步骤03：单击“确定”按钮，预览店铺的效果如图6-117所示。

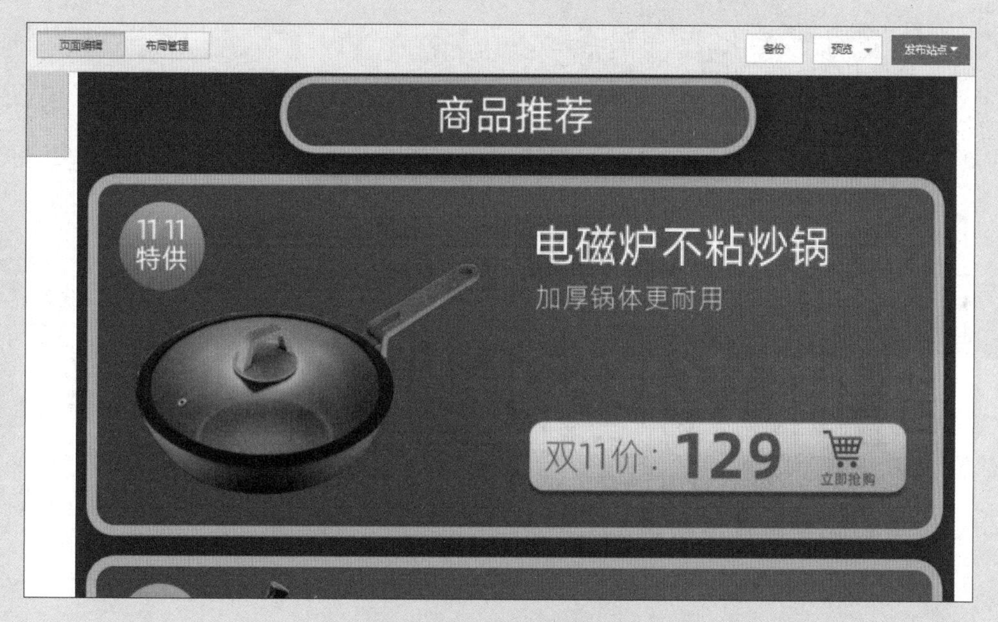

图6-117　预览店铺效果

步骤04：单击“发布站点”按钮，发布页面。

第7章

手机淘宝天猫店铺装修

本章将介绍海报的设计方法，以及淘宝天猫手机店铺装修模块的使用方法。

本章学习目标

- 熟练掌握海报的设计方法
- 了解手机店铺后台装修模块的使用方法
- 熟练掌握手机淘宝天猫店铺的装修方法

铝合金外壳

积筒 哑光磨砂

三代灯芯 释放力强大

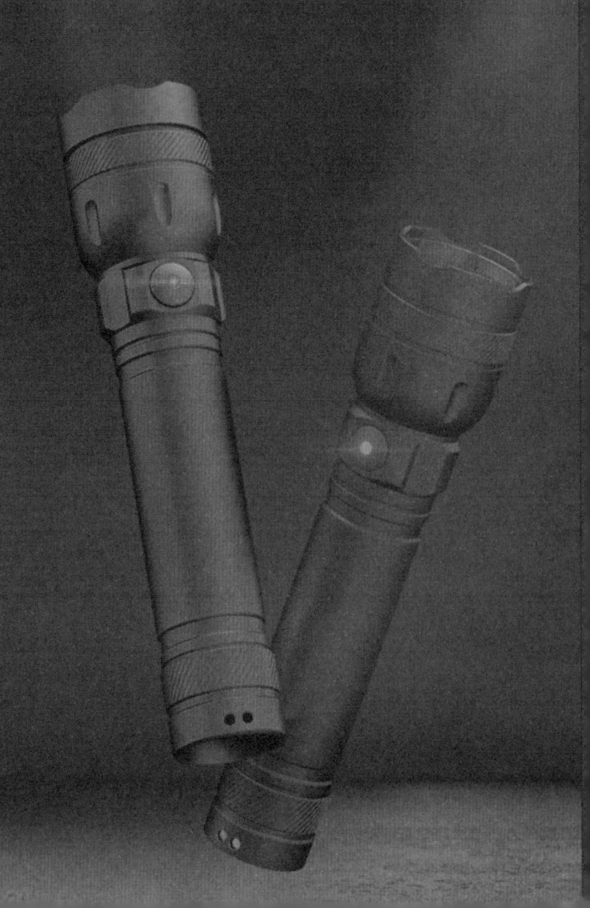

7.1 登机箱海报设计

本节将介绍手机店铺海报的设计方法，在设计过程中，以海报产品为主体，搭配背景色，以文字为辅，具体的操作方法如下。

步骤01： 启动Photoshop，新建宽度为1200像素，高度为600像素的文档。

步骤02： 在“图层”面板中，单击“创建新的填充或调整图层”按钮，在弹出的菜单中选择“渐变”选项，打开“渐变填充”对话框，设置“样式”为“径向”，如图7-1所示。

步骤03： 编辑渐变颜色，设置为如图7-2所示的红色渐变。

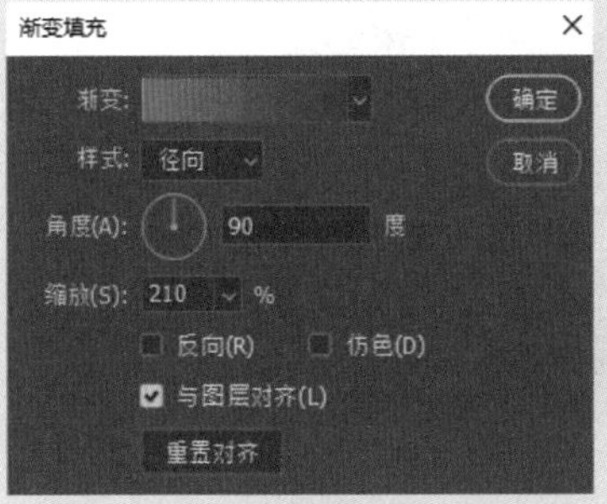

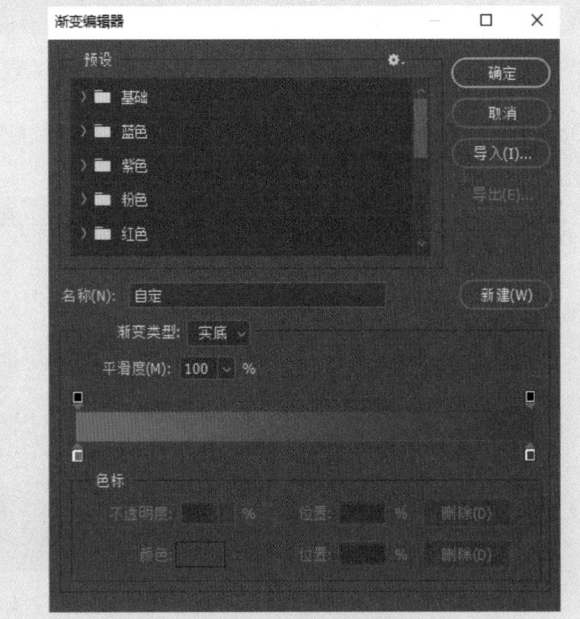

图7-1　“渐变填充”对话框

图7-2　编辑渐变颜色

步骤04： 单击“确定”按钮，创建渐变图层，文档效果如图7-3所示。

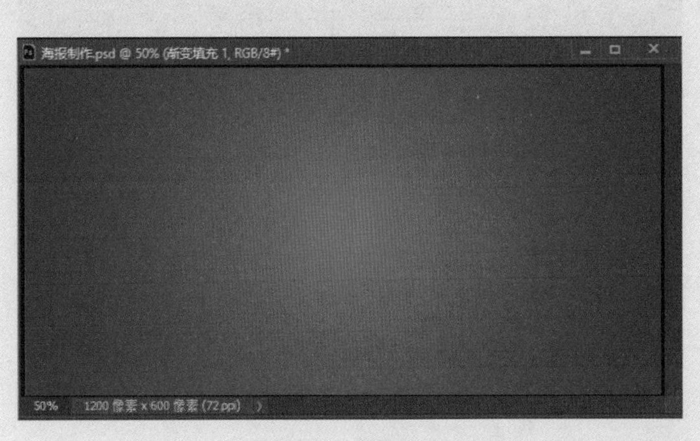

图7-3　文档效果

步骤05：打开“台阶素材”文件，拖至当前文档中，并调整位置，如图7-4所示。

图7-4　添加台阶素材

步骤06：打开“台子素材”文件，拖至当前文档中，并调整位置，如图7-5所示。

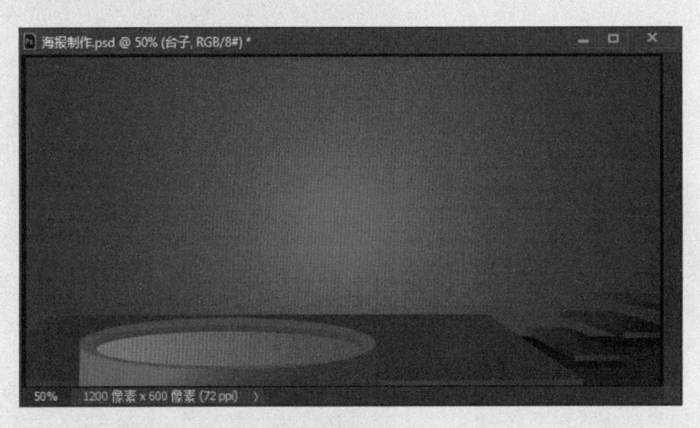

图7-5　添加台子素材

步骤07：打开“产品素材”文件，拖至当前文档中，并调整位置，如图7-6所示。

图7-6　添加产品素材

步骤08：选择“产品素材”图层，添加“投影”图层样式，设置“不透明度”为60%，“角度”为100度，“距离”为6像素，“大小”为10像素，单击“确定”按钮，如图7-7所示。

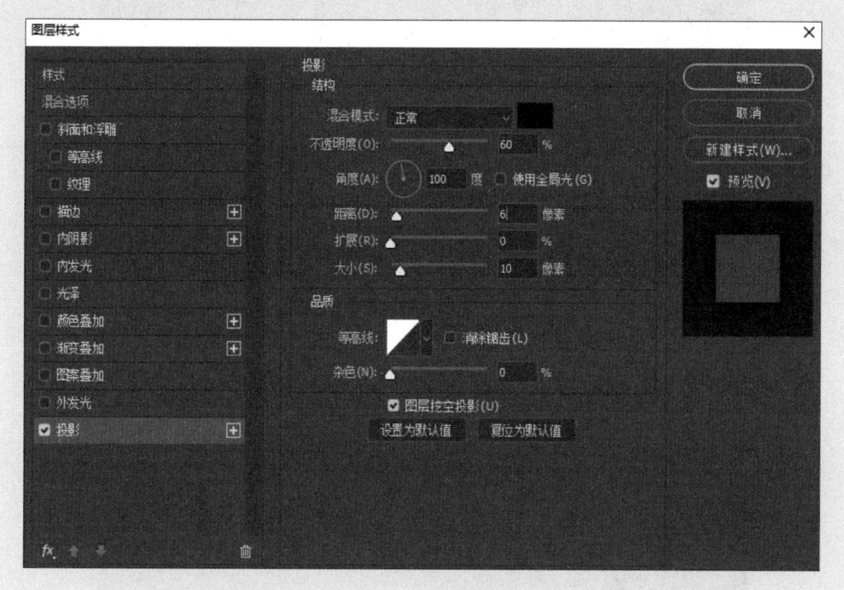

图7-7　添加“投影”图层样式

步骤09：打开“绸带素材”文件，拖至当前文档中，并调整位置，如图7-8所示。

图7-8　添加绸带素材

步骤10：选择“横排文字工具”，设置文字大小为40，颜色为黄色，输入“科学收纳 时尚多彩”文本。

步骤11：选择“横排文字工具”，设置文字大小为85，输入“高颜值登机箱”文本，如图7-9所示。

步骤12：选择“矩形工具”，设置宽度为340像素，高度为46像素，圆角为23像素，绘制形状，如图7-10所示。

步骤13：选择“文字工具”，文字大小为30，输入文本“大力度秒杀共省100元”。

图7-9　输入文本

图7-10　绘制圆角矩形

步骤14： 选择“横排文字工具”，设置字体为“阿里巴巴普惠体”，文字大小为30，颜色为黄色，输入“预计到手价¥199起”文本。选择“¥199”文字，调整文字颜色为白色，字体加粗，文字大小为60，如图7-11所示。

图7-11　输入并设置文本

步骤15： 执行“文件”→“存储”命令，存储文件为PSD格式。

步骤16： 执行“文件”→“导出” →“存储为Web所用格式”命令，打开“存储为Web所用格式”

对话框，如图7-12所示。

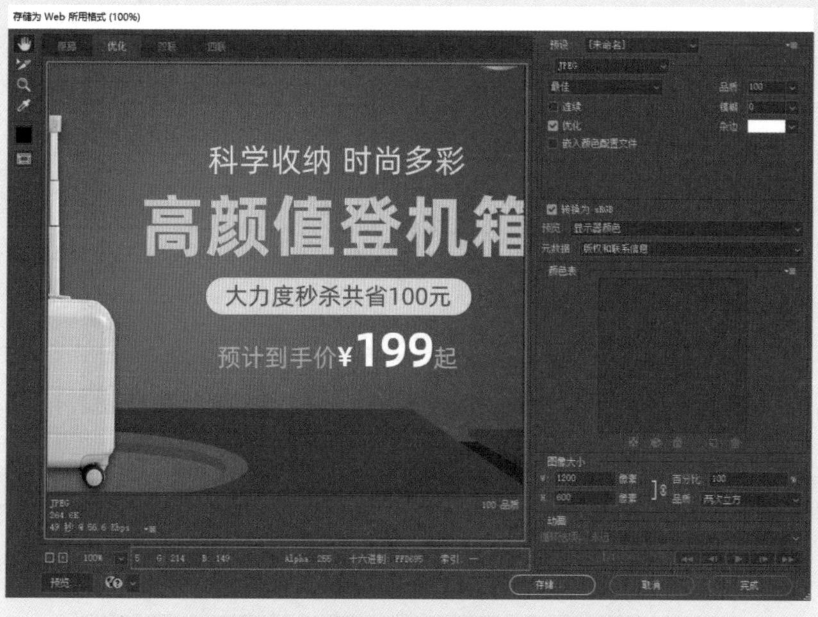

图7-12 “存储为Web所用格式”对话框

步骤17： 单击“存储”按钮，保存文件为JPEG格式，这样就完成了海报的制作。

7.2 手机海报设计

本节介绍手机海报的设计方法，手机海报的背景以彩色素材和形状为主，内容结合产品图片和文字，具体操作步骤如下。

步骤01： 启动Photoshop，新建宽度为1200像素，高度为600像素的文档。在工具箱中设置“前景色”为蓝色，按快捷键Alt+Del填充颜色，如图7-13所示。

图7-13 填充颜色

步骤02：选择“钢笔工具”，在属性栏中选择“形状”选项，设置填充颜色为蓝色渐变，绘制如图7-14所示的不规则图形。

图7-14　绘制不规则图形

步骤03：选择“钢笔工具”，再绘制一个不规则形状，并将该图层移至“形状1”图层的下方，效果如图7-15所示。

图7-15　绘制不规则图形并调整图层位置

步骤04：打开“圆形素材”文件，拖至当前文档中，调整素材尺寸并移至合适位置，如图7-16所示。

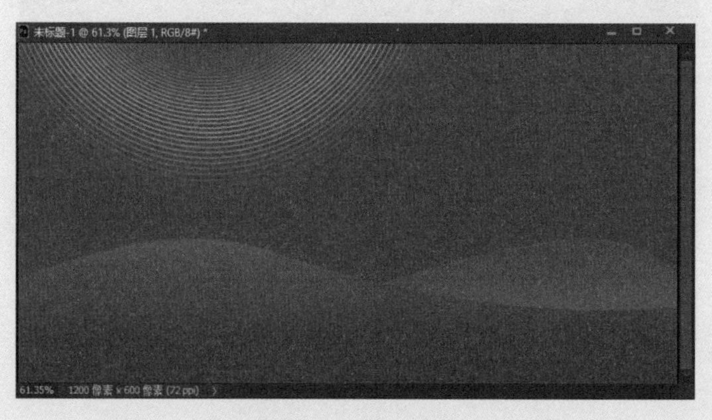

图7-16　添加素材

步骤05：选择“椭圆工具”，填充关闭，描边设置为“蓝色渐变”，描边大小为90像素，绘制一个圆形描边效果，如图7-17所示。

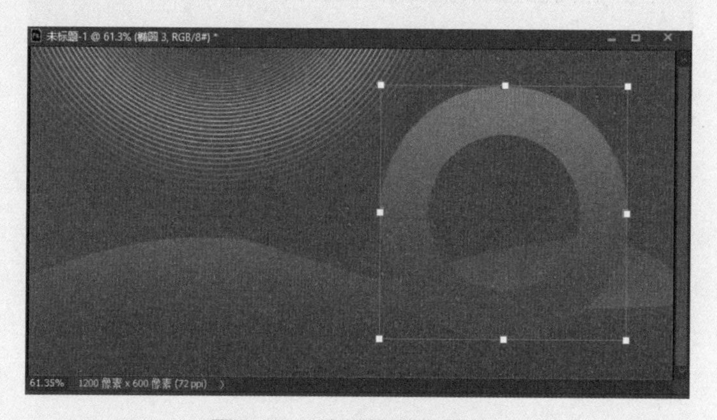

图7-17　绘制圆形描边效果

步骤06：打开“手机素材”文件，拖至当前文档中，并调整素材大小，如图7-18所示。

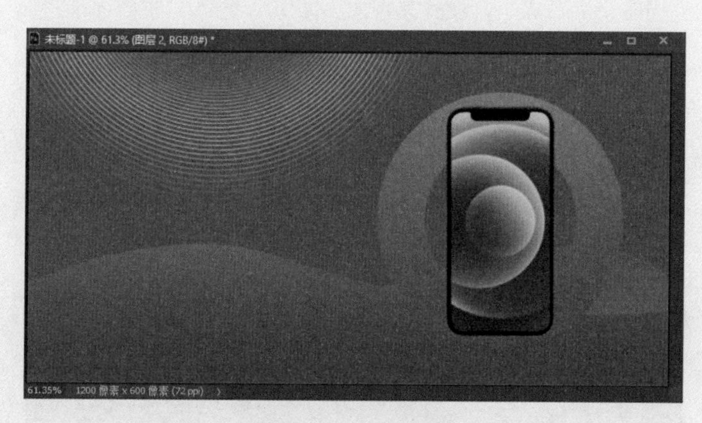

图7-18　添加素材

步骤07：选择“手机素材”图层，添加“投影”图层样式，设置颜色为黑色，“混合模式”为“正片叠底”，“不透明度”为70%，“角度”为90度，“距离”为12像素，“大小”为65像素，如图7-19所示。

图7-19　添加“投影”图层样式

步骤08：复制两个“手机素材”，并调整位置，如图7-20所示。

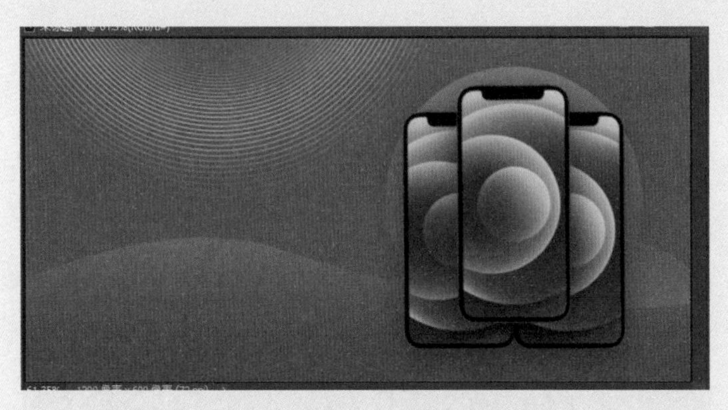

图7-20　复制并调整素材位置

步骤09：选择“横排文字工具”，设置字体为“阿里巴巴普惠体”，文字大小为106，颜色为白色，将字体设置为斜体，输入“手机数码”文本。

步骤10：继续使用“横排文字工具”，设置文字大小为90，输入“中秋团圆特惠”文本，效果如图7-21所示。

图7-21　输入文本

步骤11：选择“矩形工具”，宽度为450像素，高度为60像素，圆角为30像素，填充为白色，描边大小为12像素，描边设置为“蓝色渐变”，绘制圆角矩形，如图7-22所示。

图7-22　绘制圆角矩形

步骤12：选择“横排文字工具”，设置文字大小为40，输入“爆款手机满1000减88”文本，如图7-23所示。

图7-23　输入文本

步骤13：执行“文件”→“导出” →“存储为Web所用格式”命令，打开“存储为Web所用格式”对话框，如图7-24所示。

图7-24　“存储为Web所用格式”对话框

步骤14：单击“存储”按钮，将文件保存为JPEG格式，这样就完成了手机海报的制作。

7.3　手机店铺首页设计

手机店铺首页涉及优惠券、电商产品展示等，本节介绍手机店铺首页的设计方法，具体操作步骤如下。

步骤01：启动Photoshop，新建宽度为1200像素，高度为2800像素的文档。

步骤02：在“图层”面板中，单击“创建新图层”按钮，设置前景色为红色，按快捷键Alt+Del填充前景色，如图7-25所示。

步骤03：选择“图层1”，单击“添加图层样式”按钮，在弹出的菜单中选择“图案叠加”选项，打开“图层样式”对话框，导入图案，如图7-26所示。

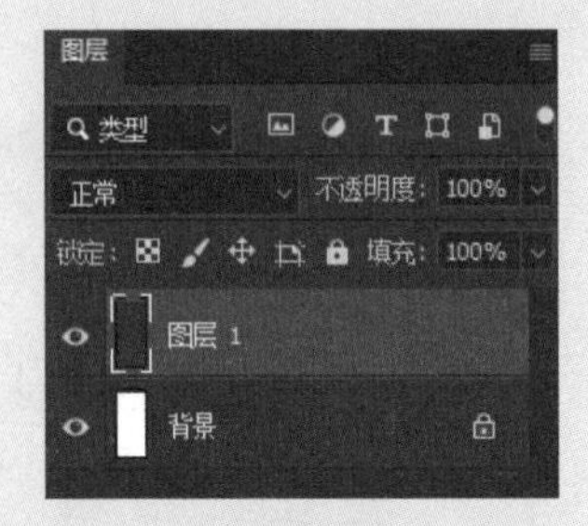

图7-25 为图层填充红色

图7-26 导入图案

步骤04：选择导入的斜线图案，设置“混合模式”为“正片叠底”，“不透明度”为25%，“缩放”为220%，如图7-27所示。

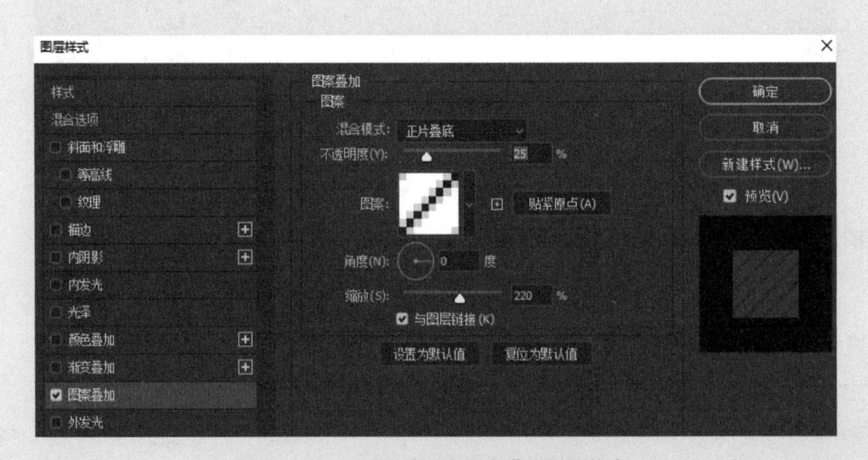

图7-27 设置“图案叠加”图层样式

步骤05： 单击“确定”按钮，为红色图层叠加图案，如图7-28所示。

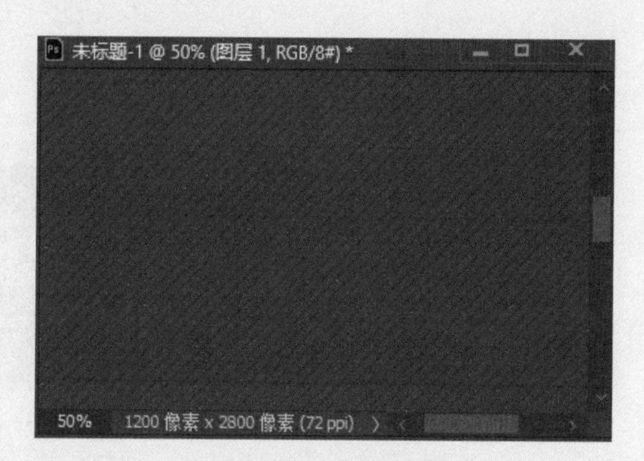

图7-28　叠加图案

步骤06： 选择“矩形工具”，属性设置为“形状”，填充设置为红色编辑，描边为黄色渐变，宽度为790像素，高度为150像素，圆角为75像素，如图7-29所示。

图7-29　设置属性

步骤07： 绘制如图7-30所示的圆角矩形。

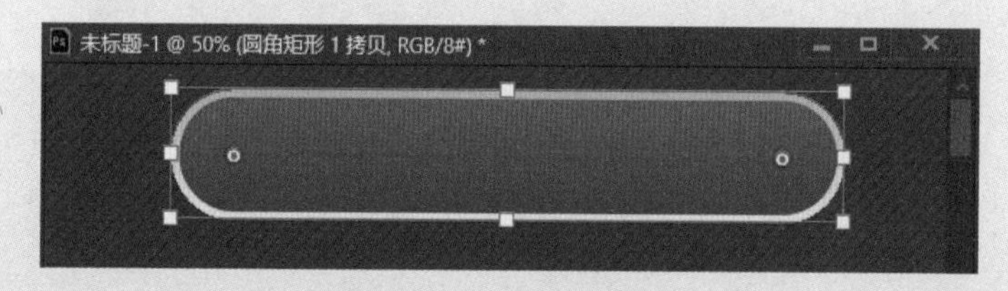

图7-30　绘制圆角矩形

步骤08： 选择“圆角矩形”图层，并添加“内阴影”图层样式，调整“混合模式”为“正片叠底”，“不透明度”为75%，“距离”为13像素，“大小”为5像素，如图7-31所示。

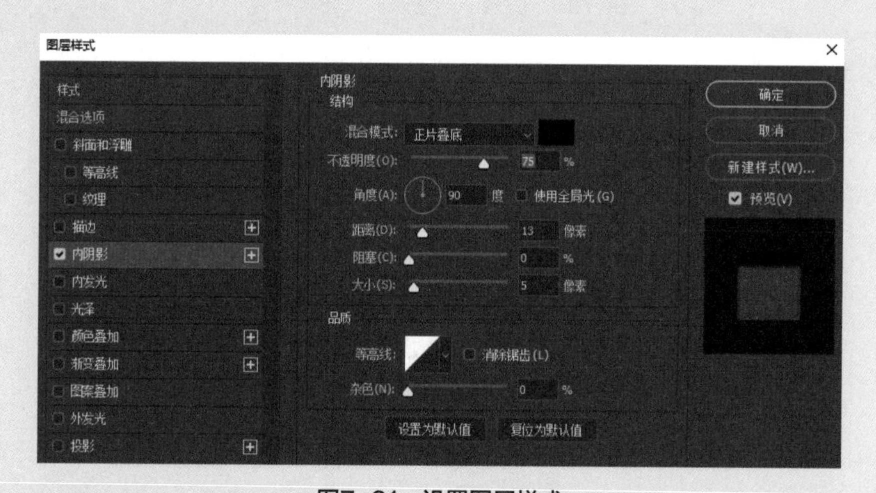

图7-31　设置图层样式

步骤09：选择“横排文字工具”，设置文字大小为110，颜色为白色，输入“先领券 再下单”文本，如图7-32所示。

图7-32　输入文本

步骤10：选择“文字”图层，添加“渐变叠加”图层样式，设置“渐变”为白色到黄色的渐变，“角度”为90度，如图7-33所示。

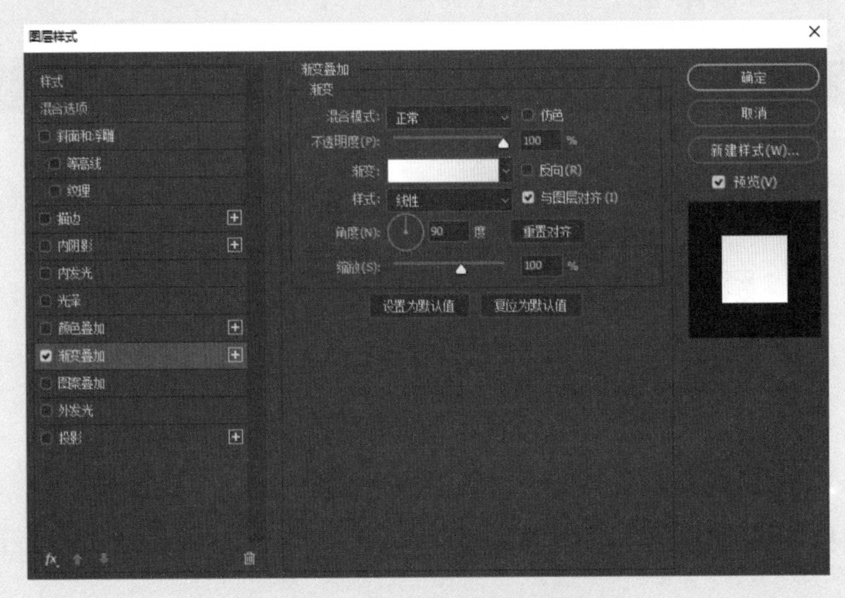

图7-33　设置“渐变叠加”图层样式

步骤11：单击“确定”按钮，添加图层样式，如图7-34所示。

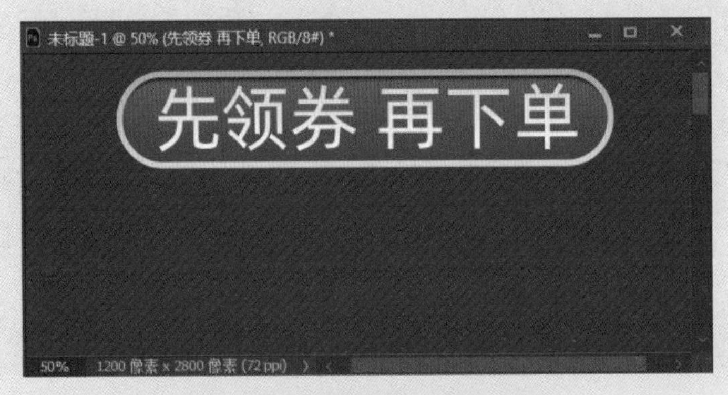

图7-34　添加图层样式后的效果

步骤12： 在“图层”面板中，选择文字图层和圆角矩形图层，按快捷键Ctrl+G将图层编组，如图7-35所示。

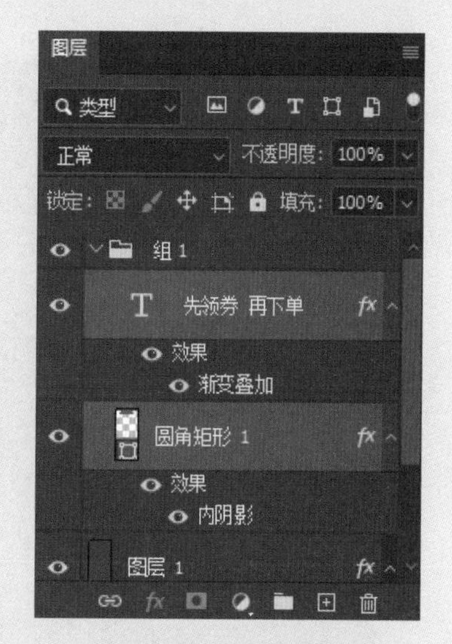

图7-35 编组图层

步骤13： 选择“矩形工具”，属性为“形状”，填充颜色为“白色”，宽度为365像素，高度为540像素，描边为16像素，如图7-36所示。

图7-36 设置属性

步骤14： 绘制如图7-37所示的圆角矩形。

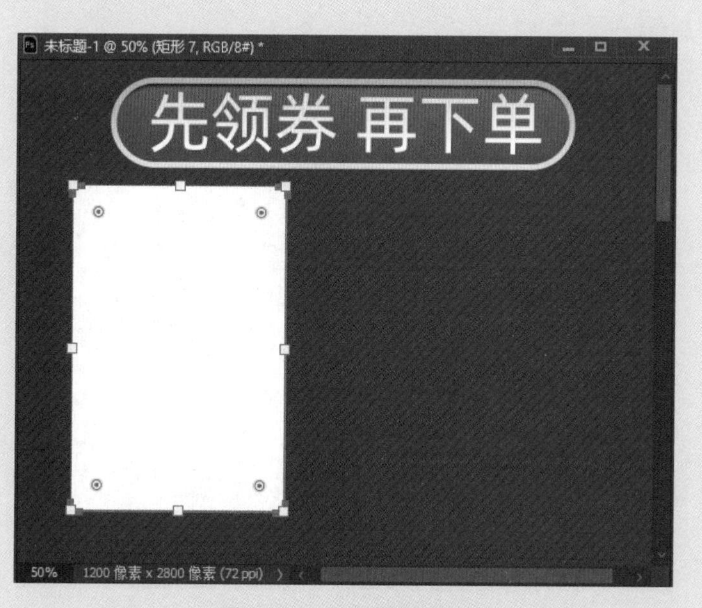

图7-37 绘制圆角矩形

步骤15： 选择圆角矩形图层，添加“渐变叠加”图层样式，设置“渐变”为黄色到浅黄色再到黄色的渐变，如图7-38所示。

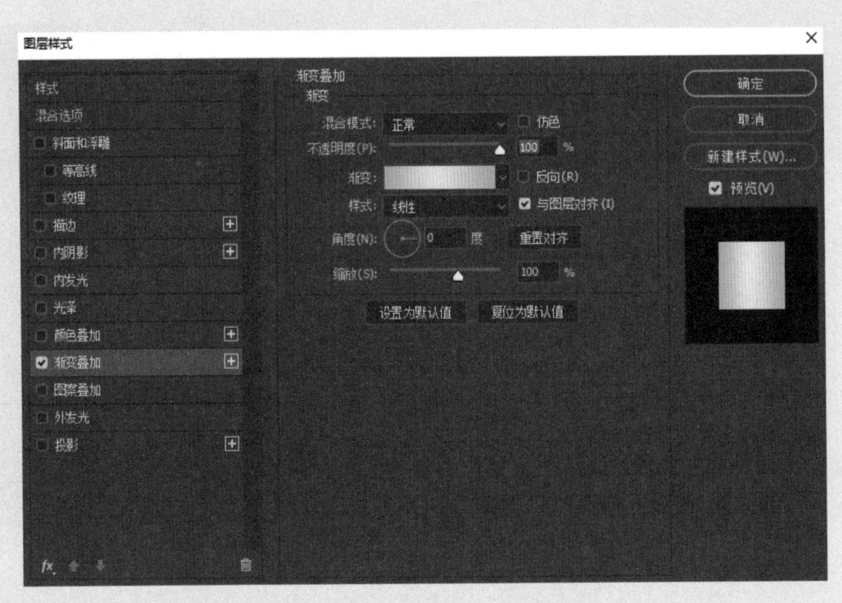

图7-38 设置“渐变叠加”图层样式

步骤16：选择“形状工具”，在属性栏中选择“形状”选项，设置描边颜色为红色，描边宽度为1像素，宽度为310像素，高度为490像素，如图7-39所示。

图7-39 设置属性

步骤17：绘制一个圆角矩形，如图7-40所示。

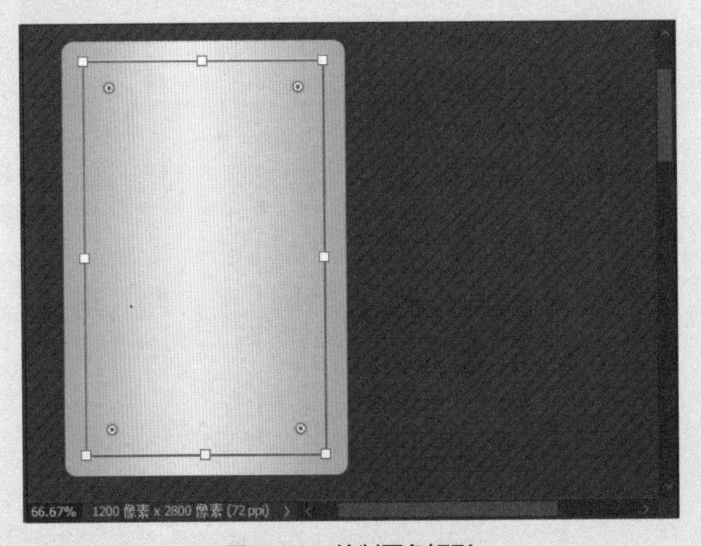

图7-40 绘制圆角矩形

步骤18：选择“椭圆工具”，设置宽度和高度均为36像素，绘制一个圆形。使用“移动工具”选择圆形，按住Alt键再复制5个圆形，并调整圆形的位置，如图7-41所示。

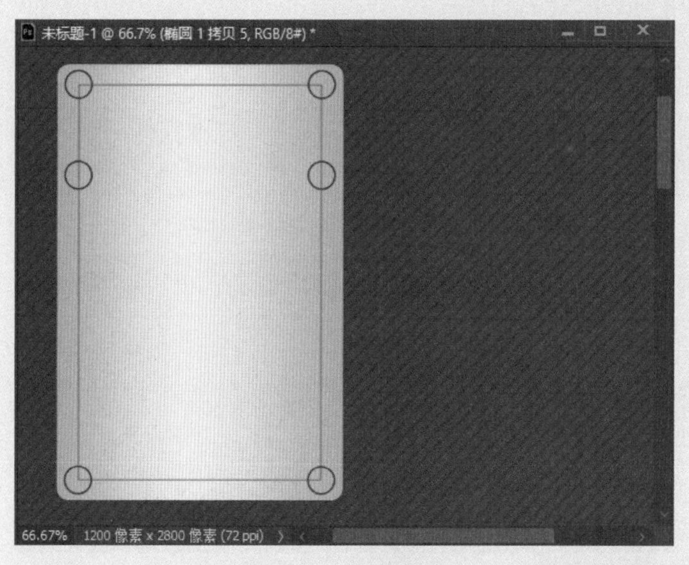

图7-41 复制圆形

步骤19：在“图层”面板中选择矩形形状图层和6个圆形图层，按快捷键Ctrl+E合并图层。选择“路径选择工具”，选择椭圆形，在属性栏中选择“减去顶层形状”选项，如图7-42所示。减去圆形后的效果如图7-43所示。

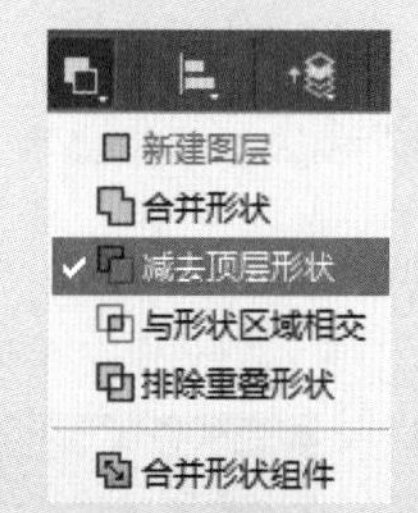

图7-42 选择“减去顶层形状”选项

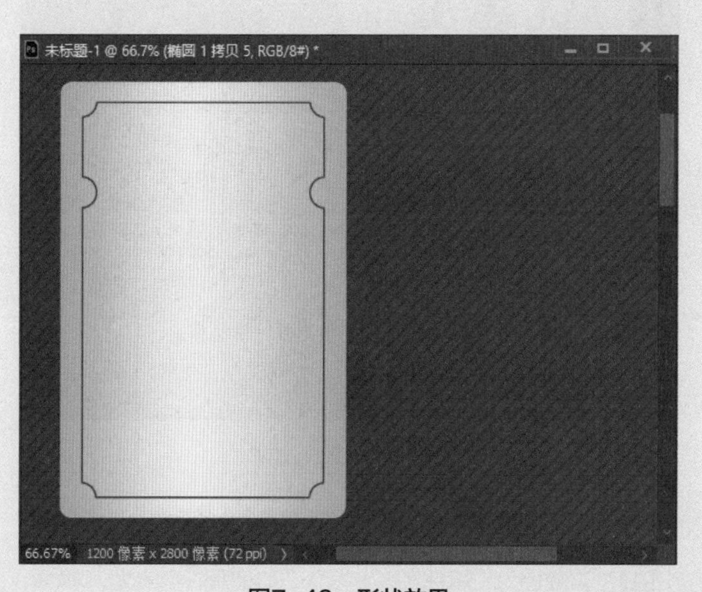

图7-43 形状效果

步骤20：选择“直线工具”，描边粗细为2像素，描边设置为虚线效果，绘制虚线，如图7-44所示。

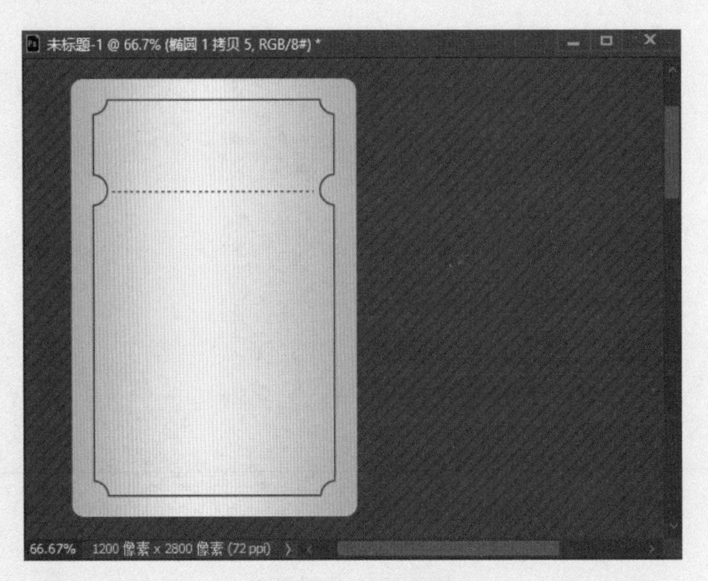

图7-44　绘制虚线

步骤21：选择“横排文字工具”，设置文字大小为70，输入“优惠券”文本。设置文字大小为48，输入“满99元使用”文本。设置文字大小为25，输入“¥”符号。设置文字大小为170，输入“10”，如图7-45所示。

图7-45　输入文本

步骤22：选择“矩形工具”，设置描边颜色为红色，描边宽度为2像素，绘制如图7-46所示的矩形。

步骤23：选择“矩形工具”，颜色为“白色”，宽度为260像素，高度为70像素，圆角为35像素，绘制圆角矩形，如图7-47所示。

图7-46　绘制矩形

图7-47　绘制圆角矩形

步骤24：选择“圆角矩形”图层，添加“渐变叠加”图层样式，设置“渐变”为红色，单击“确定”按钮，如图7-48所示。

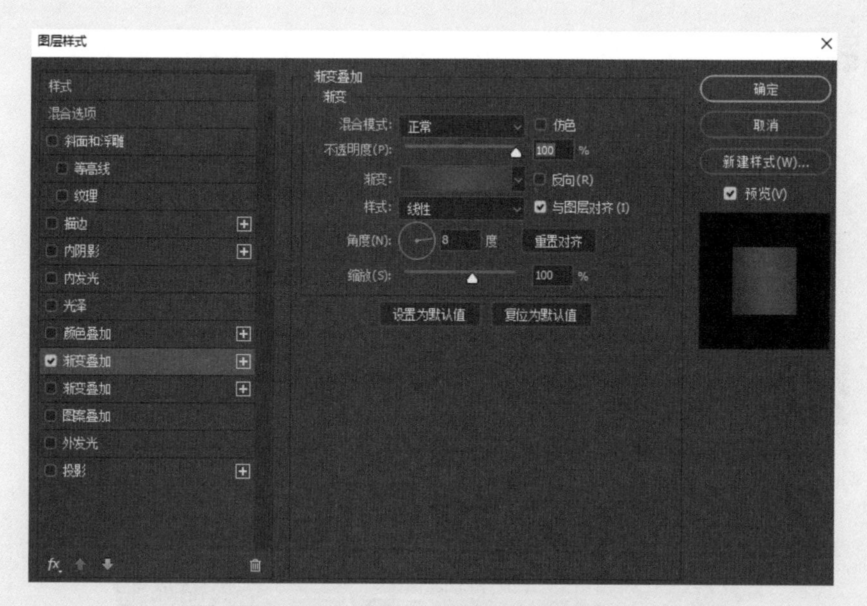

图7-48　设置“渐变叠加”图层样式

步骤25：选择“横排文字工具”，设置文字大小为48，输入“立即领取”文本，如图7-49所示。

步骤26：在“图层”面板中选择制作优惠券的所有图层，按快捷键Ctrl+G进行编组，并命名为“优惠券”，如图7-50所示。

步骤27：选择“优惠券”图层组，添加“投影”图层样式，设置投影颜色为深红色，“不透明度”为69%，“混合模式”为“正片叠底”，单击“确定”按钮，如图7-51所示。

步骤28：再复制两个“优惠券”图层组，并调整位置，修改优惠券的金额，如图7-52所示。

图7-49 输入文本

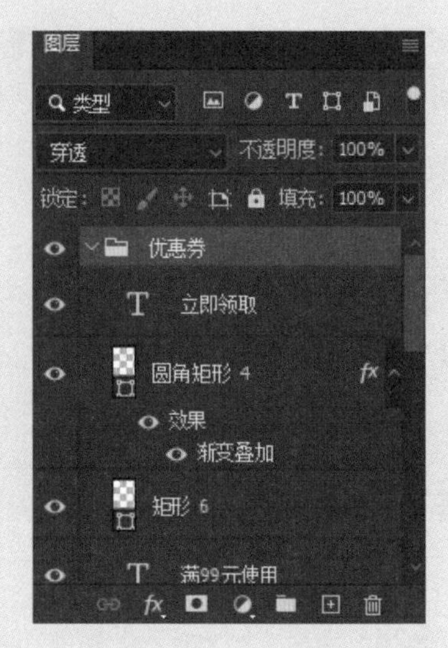

图7-50 图层编组

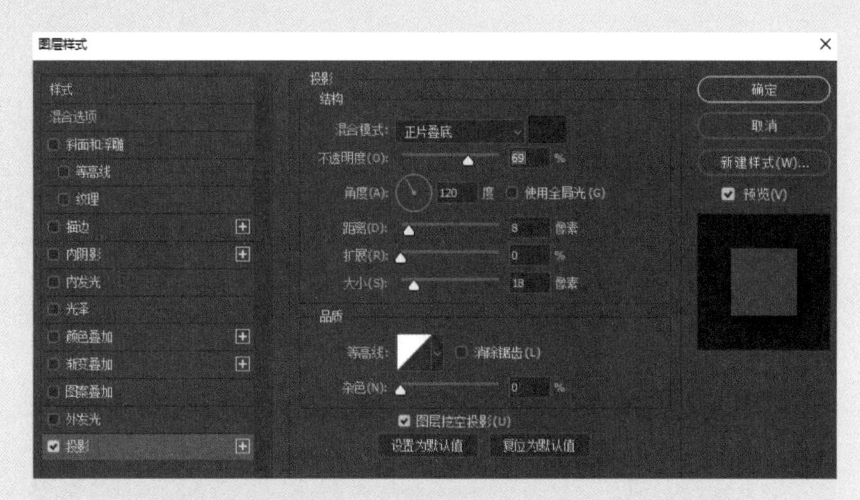

图7-51 设置图层样式

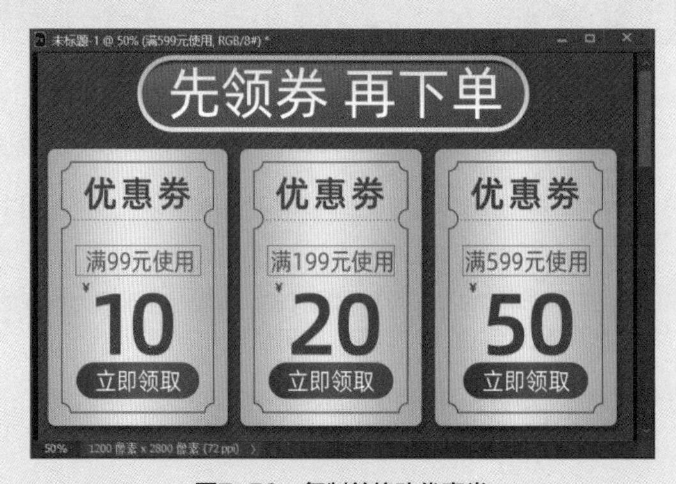

图7-52 复制并修改优惠券

步骤29： 复制顶部标题图层组，并移至优惠券下方，修改文字为“热销爆款推荐”，如图7-53所示。

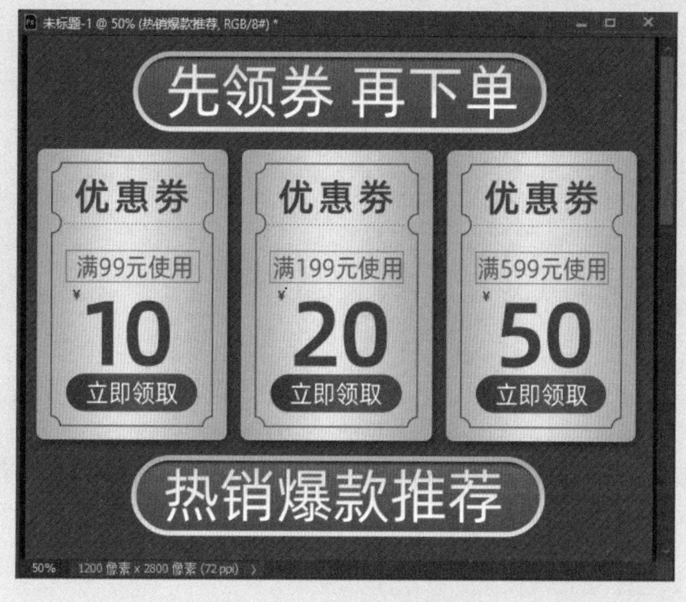

图7-53　复制并修改标题

步骤30： 选择“矩形工具”，填充颜色设置为红色，描边为粉红色，描边宽度为12像素，圆角为15像素，宽度为1100像素，高度为1800像素，如图7-54所示。

图7-54　矩形工具设置

步骤31： 绘制如图7-55所示的圆角矩形。

图7-55　绘制圆角矩形

步骤32： 选择“圆角矩形”图层，在“图层”面板中单击“添加图层样式”按钮，选择“斜面和浮雕”选项，添加图层样式，调整“大小”为3像素，单击“确定”按钮，如图7-56所示。

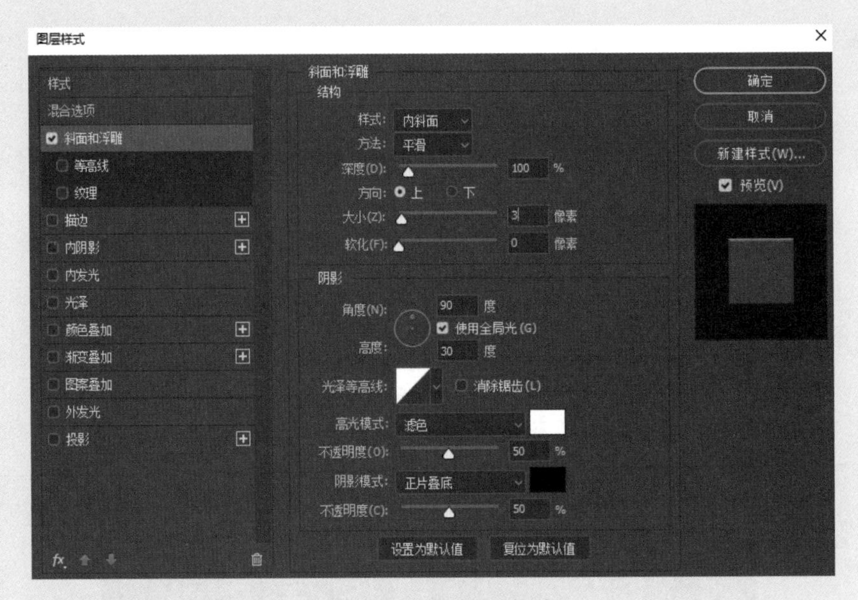

图7-56　设置图层样式

步骤33：选择“钢笔工具”，绘制如图7-57所示的形状。

图7-57　绘制形状

步骤34：在“图层”面板中，将文字标题图层组移至上面，并调整大小，如图7-58所示。

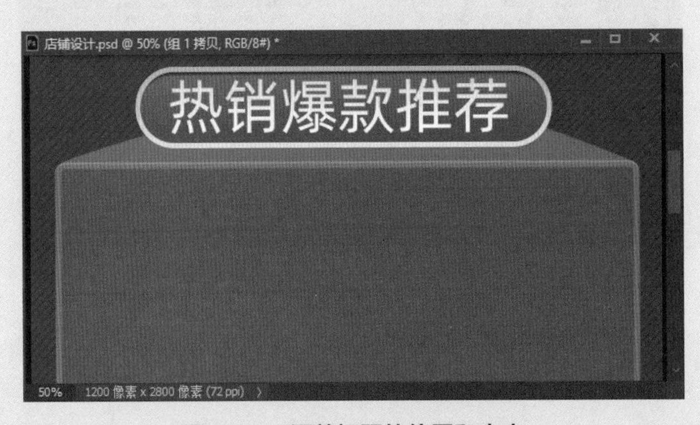

图7-58　调整标题的位置和大小

步骤35：选择“矩形工具”，设置填充颜色为浅黄色，宽度为1010像素，高度为540像素，绘制如图7-59所示的矩形。

步骤36：按快捷键Ctrl+T调整尺寸，并添加“红色”描边，设置描边宽度为2像素，如图7-60所示。

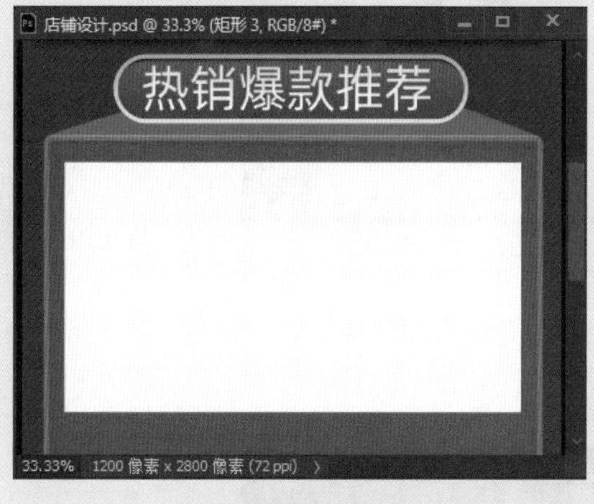

图7-59　绘制矩形

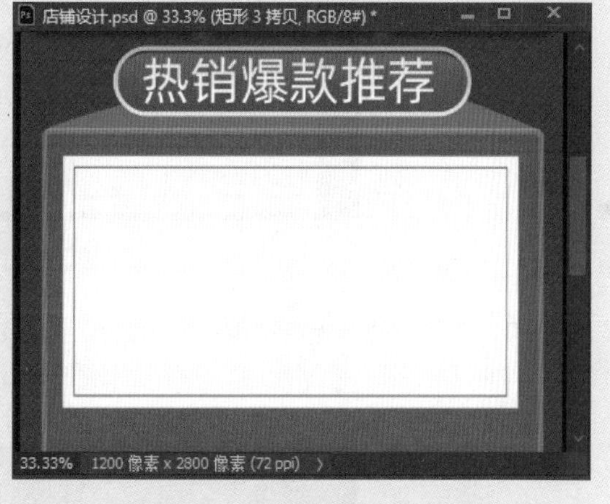

图7-60　调整矩形尺寸和描边

步骤37：选择“矩形工具”，设置颜色为白色，宽度为430像素，高度为430像素，绘制如图7-61所示的矩形。

步骤38：执行“文件”→“打开”命令，打开“产品素材1”文件，拖至当前文档的白色形状图层上方，创建剪贴蒙版并调整素材尺寸，效果如图7-62所示。

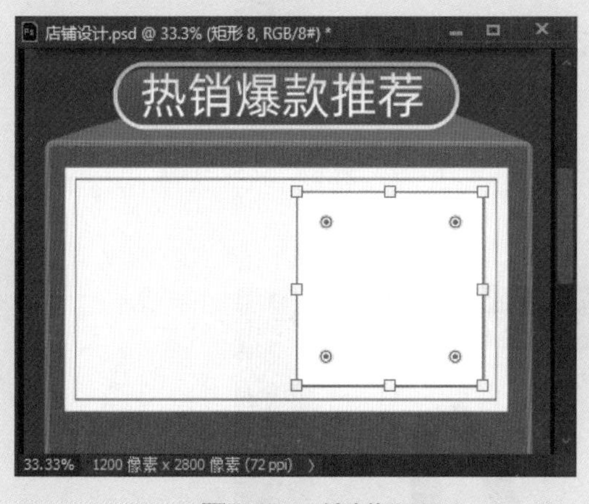

图7-61　绘制矩形

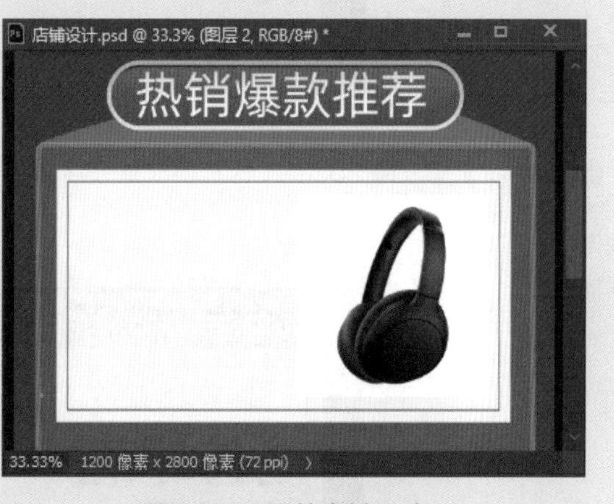

图7-62　调整素材尺寸

步骤39：选择“横排文字工具”，调整文字颜色为红色，大小为50，输入“无线立体声耳机”和“佩戴舒适 便携设计”文本，调整文字大小并调整文字颜色为红色后，再输入“¥199.00”文本，如图7-63所示。

图7-63　输入文本

步骤40： 选择“圆角矩形工具”，设置颜色为红色，关闭描边，设置宽度为280像素，高度为60像素，圆角为30像素，绘制如图7-64所示的圆角矩形。

图7-64　绘制圆角矩形

步骤41： 选择“横排文字工具”，设置文字大小为36，颜色为白色，输入“立即抢购”文本，如图7-65所示。

图7-65　输入文本

步骤42： 选择文字图层，添加“渐变叠加”图层样式，设置“渐变”为白色到黄色渐变，“角度”为-90度，如图7-66所示。

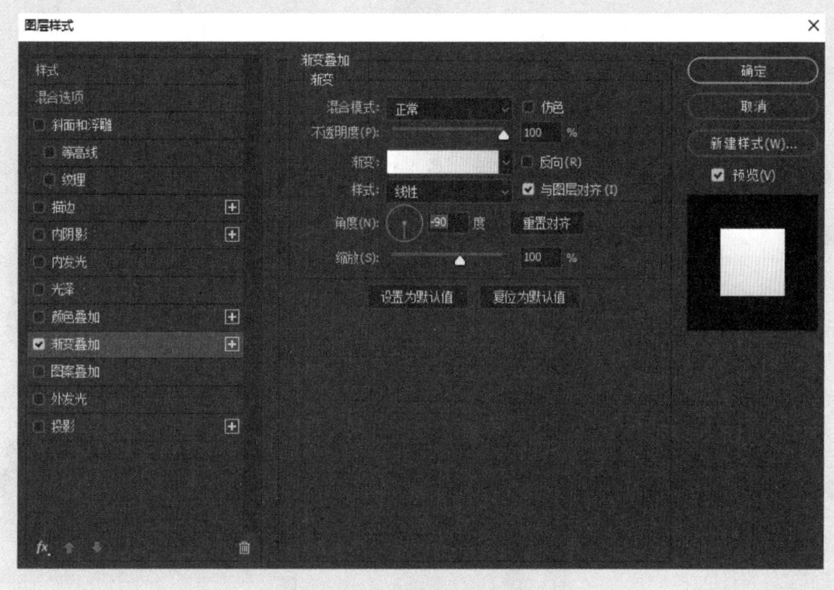

图7-66　调整图层样式

步骤43： 单击“确定”按钮，调整后的效果如图7-67所示。

步骤44： 在“图层”面板中选中与耳机相关的图层，按快捷键Ctrl+G编组，并命名为“产品组”，如图7-68所示。

图7-67　“渐变叠加”图层样式的效果

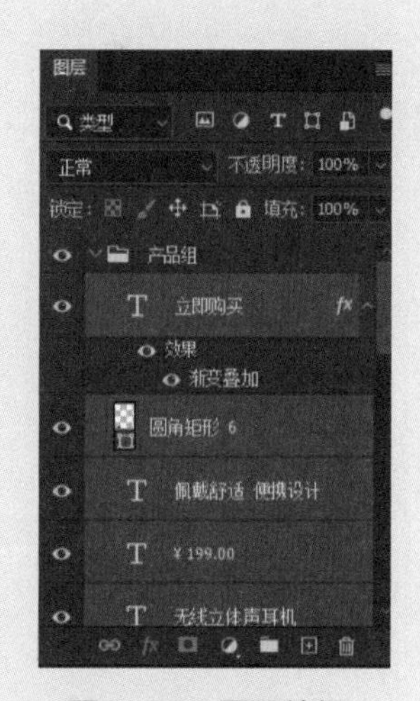

图7-68　图层编组

步骤45： 再复制2个“产品组”图层组，并调整位置，如图7-69所示。

步骤46： 打开“素材2”和“素材3”文件，置入当前文档中。将“素材2”和“素材3”移至产品图片上方，并创建剪贴蒙版，如图7-70所示。

图7-69　复制图层组

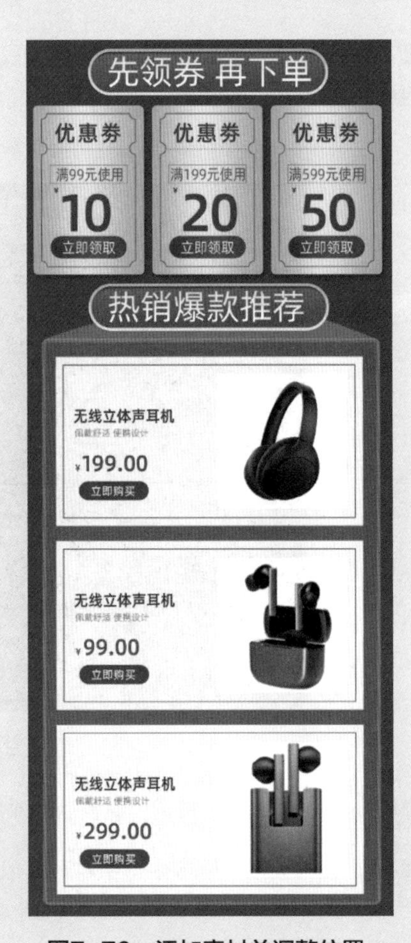

图7-70　添加素材并调整位置

步骤47：按快捷键Ctrl+R显示标尺，创建如图7-71所示的参考线。

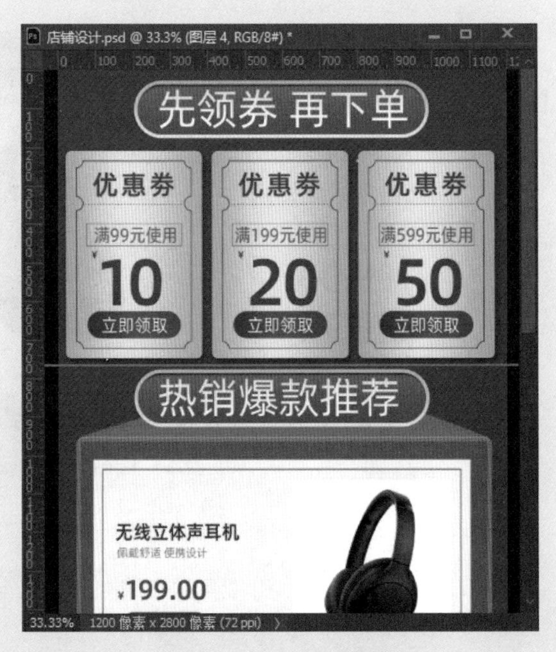

图7-71　创建参考线

步骤48：选择“切片工具”，在属性栏中单击“基于参考线的切片”按钮创建切片，如图7-72所示，创建切片后的效果如图7-73所示。

图7-72 单击“基于参考线的切片”按钮

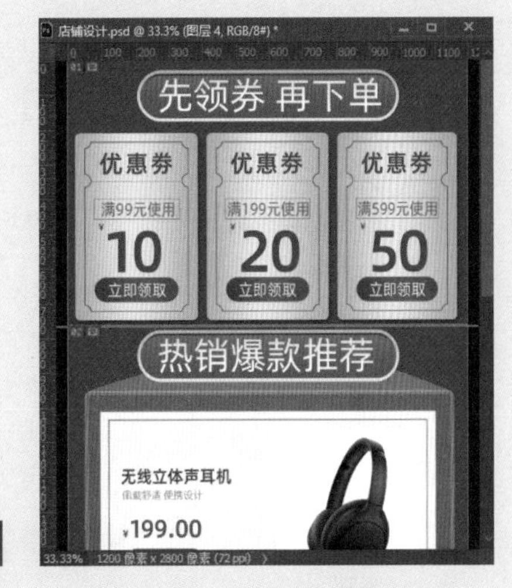

图7-73 创建切片后的效果

步骤49：执行“文件”→“存储”命令，将文件保存为PSD格式。

步骤50：执行“文件”→“ 导出”→“存储为Web所用格式”命令，在弹出的“存储为Web所用格式”对话框中，单击“存储”按钮保存文件，如图7-74所示，到此完成了手机店铺首页的制作。

图7-74 “存储为Web所用格式”对话框

7.4 手机店铺后台

本节介绍手机店铺后台装修模块，主要涉及轮播海报、单图海报、多热区切图等，具体的操作方法如下。

步骤01：打开淘宝旺铺后台，单击“店铺装修”链接，进入“店铺装修”页面，如图7-75所示。

图7-75 “店铺装修”页面

步骤02：单击“新建页面”按钮，设置页面的名称为“手机店铺装修”，单击“确认”按钮，进入手机店铺装修页面，如图7-76所示。

图7-76 手机店铺装修页面

步骤03：页面的左侧是“页面容器”，包括官方模块和已购小程序模块，官方模块包括图文类、视频类、宝贝类和营销互动类，如图7-77所示 。

图7-77 页面容器

- 图文类：包括轮播图海报、单图海报、店铺热搜、文字标题、多热区切图、淘宝群聊入口模块和入群海报。
- 视频类：只有一个单视频模块，在店铺首页可以放置视频。
- 宝贝类：包括排行榜、智能宝贝推荐、系列主题宝贝和鹿班智能货架。
- 营销互动类：包括店铺优惠券、裂变优惠券、购物金、芭芭农场、店铺会员模块和入群优惠券。

在装修店铺的过程中，可以通过轮播图海报、单图海报和多热点切图对店铺进行装修，具体要求如下。

- 轮播图海报要求宽度为1200像素、高度为600～2000像素的图片，支持JPEG或PNG格式，文件大小不超过2MB。
- 单图海报要求宽度为1200像素，高度为120～2000像素的图片，支持JPEG或PNG格式，文件大小不超过2MB。
- 多热区切图要求宽度为1200像素，高度为120～2000像素的图片，支持JPEG或PNG格式，文件大小不超过2MB。

7.5 店铺装修

本节介绍手机店铺装修设计的方法，涉及单图海报、轮播海报和多热区切图的制作，具体操作步骤如下。

7.5.1 单图海报

本小节介绍单图海报模块的使用，以及图片的上传方法。

步骤01：进入天猫或者淘宝店铺装修后台，在左侧选择单图海报并拖至中间位置，如图7-78所示。

步骤02：在右侧单击“上传图片”链接，打开“选择图片”对话框，单击“上传图片”按钮，如图7-79所示。

图7-78　店铺装修后台

图7-79　“选择图片”对话框

步骤03：选择图片，单击“确认”按钮，进入“选择图片”对话框，设置图片的宽度和高度，如图7-80所示。

图7-80　设置图片的宽度和高度

步骤04：单击“保存”按钮，在右侧输入模块名称和自定义海报的跳转链接，如图7-81所示。

图7-81　设置名称并添加链接

步骤05：单击“保存”按钮，完成单图海报的添加操作。

7.5.2　轮播海报

本小节介绍添加轮播海报的方法，具体操作流程如下。

步骤01：进入天猫或者淘宝店铺装修后台，在左侧拖曳轮播海报到中间位置，如图7-82所示。

图7-82　店铺装修后台

步骤02：在右侧选择上传图片并添加链接，如图7-83所示。

图7-83　设置名称并添加链接

步骤03：在左侧添加4张轮播海报及其跳转链接，如图7-84所示。

图7-84　添加海报图片和链接

步骤04：设置海报的名称，单击“保存”按钮，完成轮播海报的添加操作。

7.5.3 文字标题

文字标题可以放置在店铺的上方，具体的操作方法如下。

步骤01：进入天猫或者淘宝店铺装修后台，在左侧拖曳文字标题到中间位置，并输入文本，如图7-85所示。

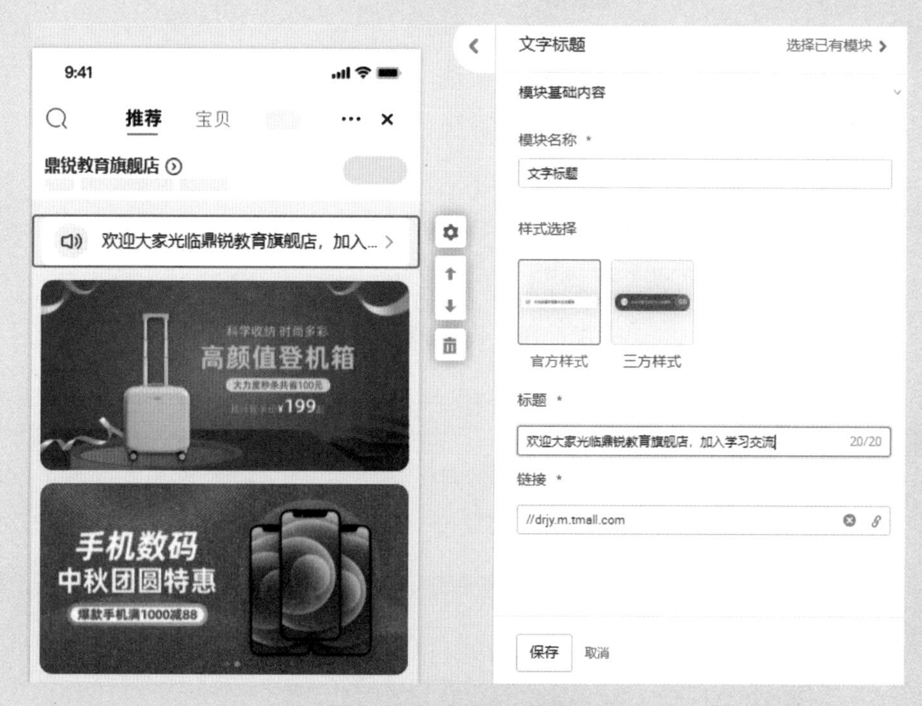

图7-85 添加文字标题并输入文本

步骤02：单击“保存”按钮，完成文字标题的制作。

7.5.4 淘宝群聊入口

淘宝群聊入口一般放置在店铺页面的上方，这样可以让买家快速看到群聊的入口，并引导买家加群。

步骤01：进入天猫或者淘宝店铺装修后台，在左侧拖曳淘宝群聊入口到相应的位置，如图7-86所示。

步骤02：在右侧设置模块名称并创建群，单击“保存”按钮，完成淘宝群聊入口的设置。

图7-86　淘宝群聊入口

7.5.5　多热区切图

多热区切图是店铺装修常用的模块，该模块可以在一张图片上添加多个链接，具体操作步骤如下。

步骤01：进入天猫或者淘宝店铺装修后台，在左侧拖曳多热区切图到相应位置，如图7-87所示。

图7-87　添加多热区切图

步骤02：在右侧设置模块名称，并添加优惠券图片，如图7-88所示。

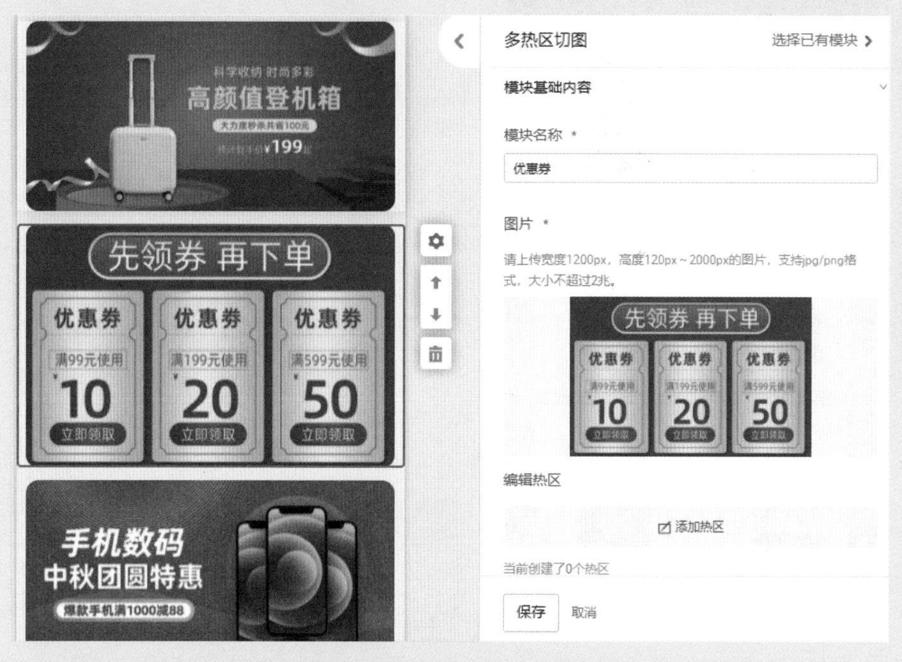

图7-88　添加优惠券图片

步骤03：在右侧单击“添加热区”按钮，添加热区和链接，如图7-89所示。

图7-89　添加热区和链接

步骤04：单击“完成”按钮，完成一个热区切片的添加。

步骤05：在左侧添加一个多切图模块并上传图片，如图7-90所示。

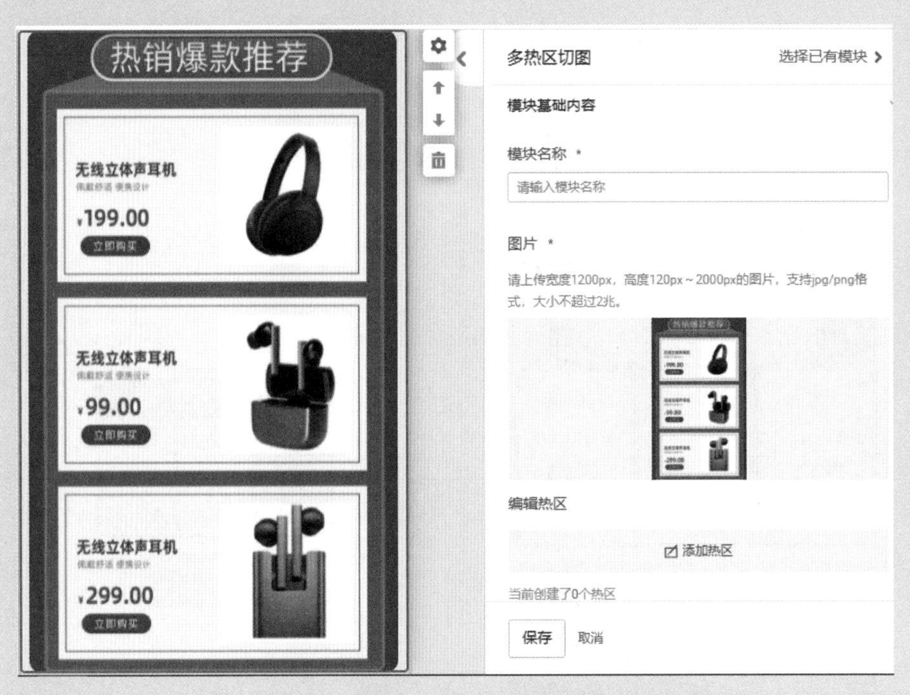

图7-90　上传图片

步骤06：在右侧单击“添加热区”按钮，添加热区和链接，如图7-91所示。

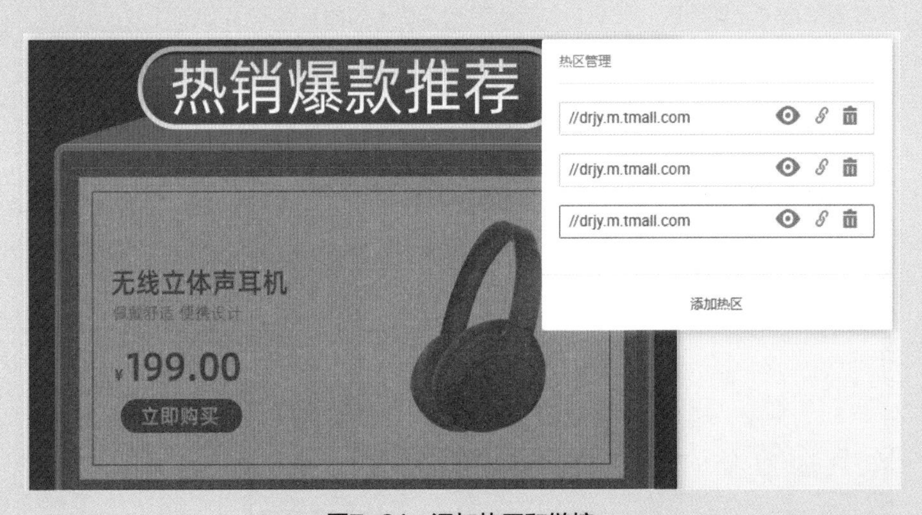

图7-91　添加热区和链接

步骤07：单击“完成”按钮，完成多热区切图的制作。

7.5.6　智能宝贝推荐

步骤01：进入天猫或者淘宝店铺装修后台，在左侧拖曳智能宝贝推荐到相应位置，在右侧添加Banner图和链接，设置模块名称并手动添加商品，如图7-92所示。

图7-92　添加商品

步骤02：单击装修页面右上角的“发布”按钮，弹出发布成功提示对话框。

打开手机店铺，进入店铺首页即可看到装修后的效果，如图 7-93 所示。

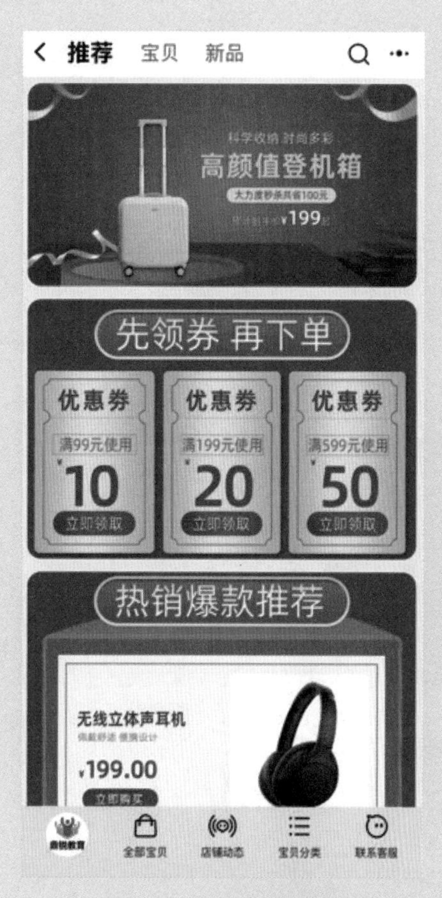

图7-93　手机店铺效果

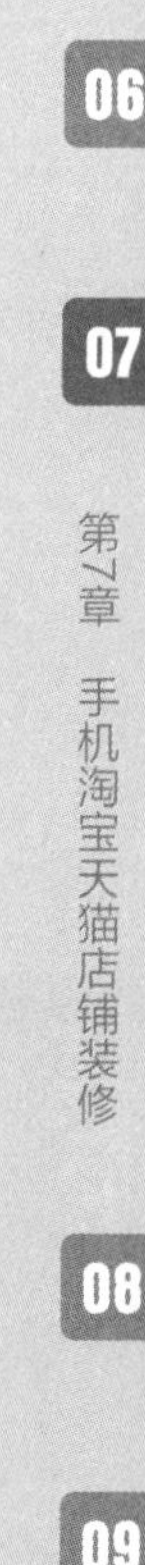

第8章

拼多多店铺装修

本章将介绍拼多多店铺的装修方法，包括标题背景图、商品排列、瀑布流、轮播组件、专题页面等。

本章学习目标

- 了解拼多多平台店铺装修模块
- 熟练掌握拼多多店铺装修的方法和技巧

8.1 拼多多装修后台

本节介绍拼多多店铺装修后台的使用方法，具体操作步骤如下。

步骤01：登录拼多多店铺装修后台，在左侧单击“店铺装修”链接，进入“店铺装修”页面，如图8-1所示。

步骤02：单击“创建新页面”按钮，弹出“创建新页面”对话框，其中包括“一键装修”“从模板新建”和“新建空白页面”按钮，如图8-2所示。

图8-1　拼多多店铺装修后台

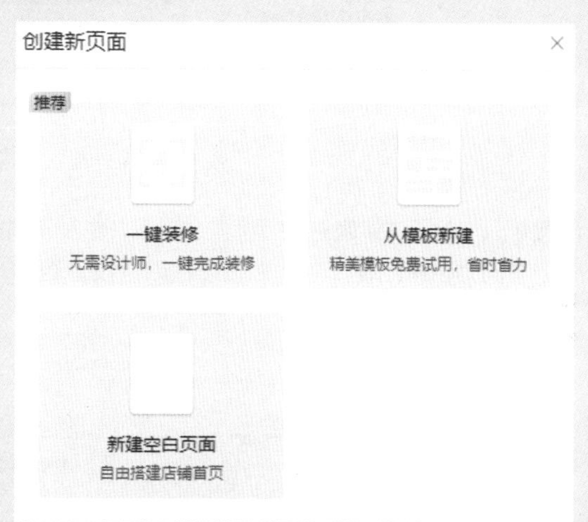

图8-2　“创建新页面”对话框

步骤03：单击“一键装修”按钮，进入“拼多多一键装修”页面，输入商品的“主标题”和“副标题”。一键装修无须设计师干预，如图8-3所示。

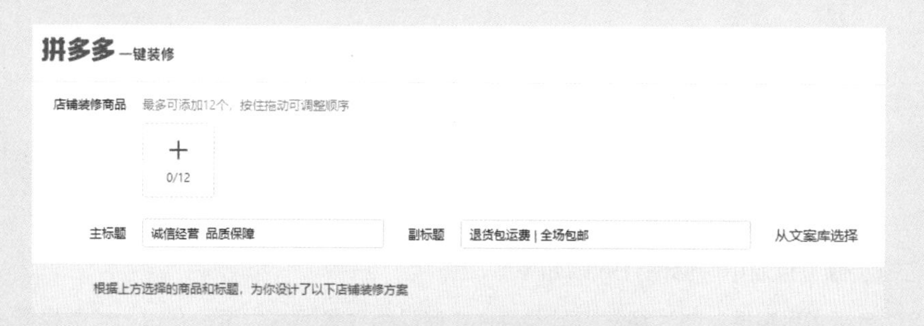

图8-3　“拼多多一键装修”页面

步骤04：单击“从模板新建”按钮，进入“模板市场”页面，可以从中订购模板并进行装修，如图8-4所示。

图8-4 “模板市场”页面

步骤05：单击“新建空白页面”按钮，进入“拼多多店铺装修”页面，该页面分为左、中、右三部分，左侧为装修组件，中间为装修的效果设置组件，右侧可以定义装修组件的属性，如图8-5所示。

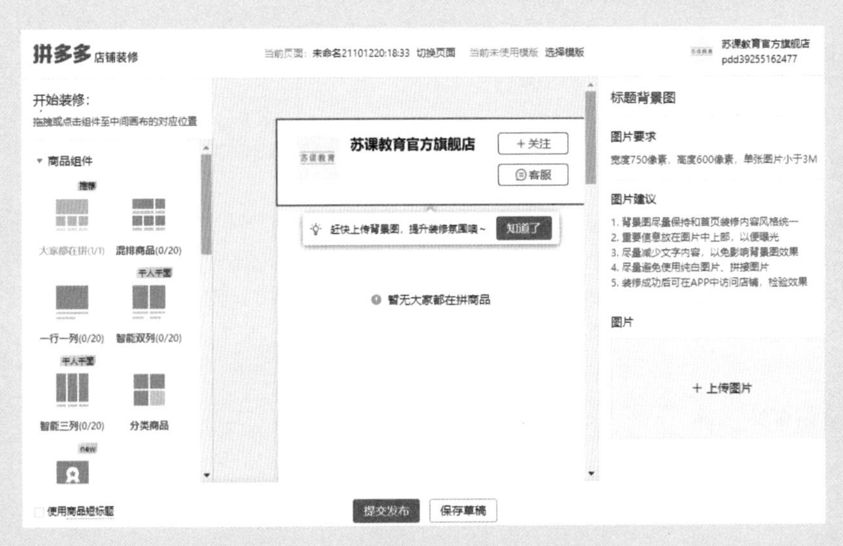

图8-5 “拼多多店铺装修”页面

“拼多多店铺装修”页面中装修组件介绍如下：

装修组件包括商品组件、图片组件和营销组件。商品组件包括“大家都在拼”“混排商品”“一行一列”“智能双列”“智能三列”“分类商品”“商品榜单”。

图片组件包括“一行一张”“一行两张”“一行三张”“四张瀑布流”“热区图片”“轮播照片”。

营销组件包括“限时限量”“断码清仓”“百亿补贴”“秒杀商品”和“领券中心”，如图 8-6 所示。

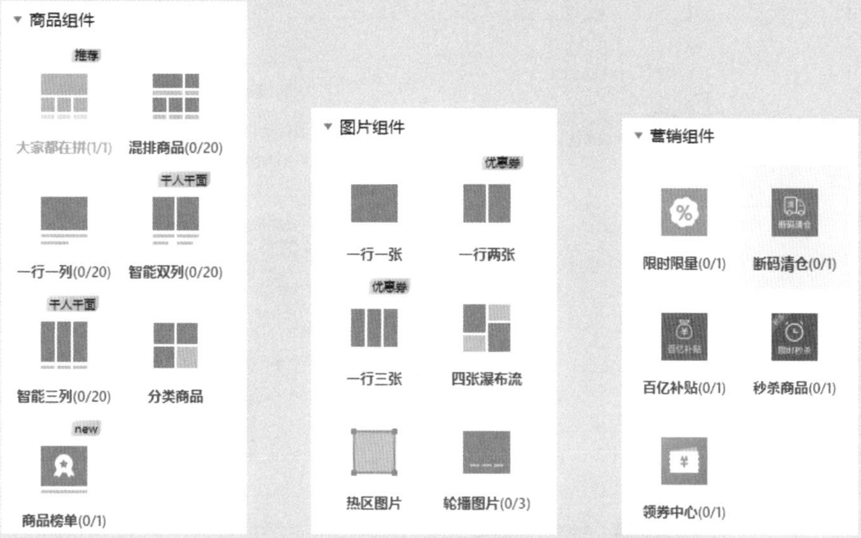

图8-6　商品组件、图片组件和营销组件

8.2 店铺装修

本节介绍通过拼多多店铺后台的组件模块，对店铺进行装修的方法。

8.2.1　标题背景图

标题背景图指店铺名称下的背景图，要求图片宽度为 750 像素，高度为 600 像素，背景图尽量保持与首页的装修风格统一，重要信息放在图片的中上部，以便充分曝光。添加标题背景图的具体操作步骤如下。

步骤01：在“拼多多店铺装修”页面，选择“标题背景图”，如图8-7所示。

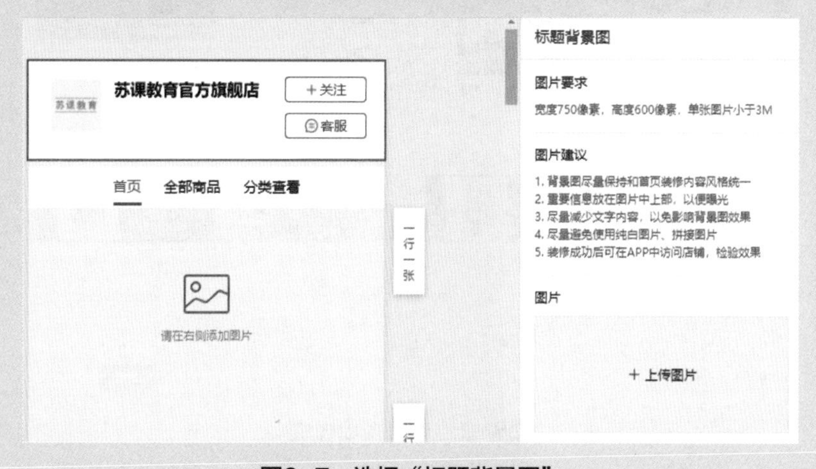

图8-7　选择“标题背景图”

步骤02：单击右侧的“上传图片”按钮，选择本地的背景图片，如图8-8所示。

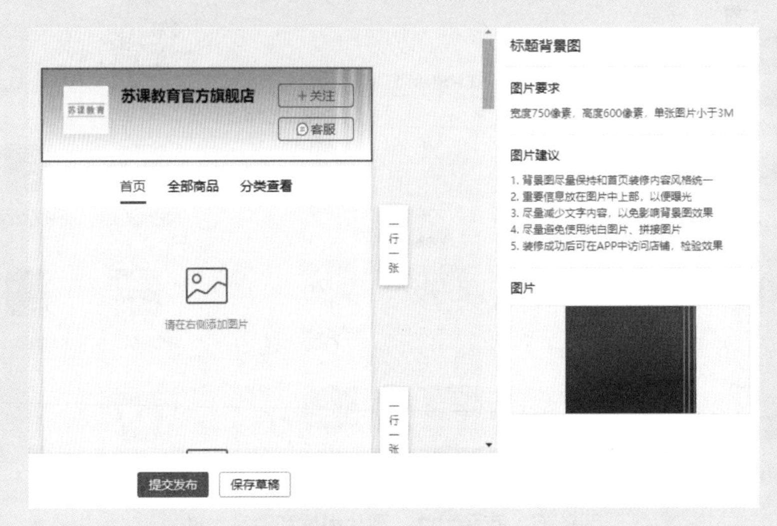

图8-8　上传背景图

步骤03：单击“保存草稿”按钮，即可保存页面。

8.2.2　混排商品

混排商品指拼多多店铺后台的商品摆放，可以直接套用店铺后台提供的模板，具体操作步骤如下。

步骤01：在左侧将混排商品拖至中间页面，在右侧选择模板样式，打开混排商品样式，如图8-9所示。

图8-9　选择模板样式

步骤02：选择一个模板，如图8-10所示。

图8-10　选择模板

步骤03：在右侧选择商品，单击“提交发布”按钮，即可发布页面。

8.2.3　商品排列

商品排列指对商品的摆放布局，商品排列组件主要包括“一行一列”“智能双列”“智能三列”“分类商品”和“商品榜单”，具体操作步骤如下。

步骤01：将“智能双列”拖至页面中间模块中，添加“智能双列”组件，如图8-11所示。

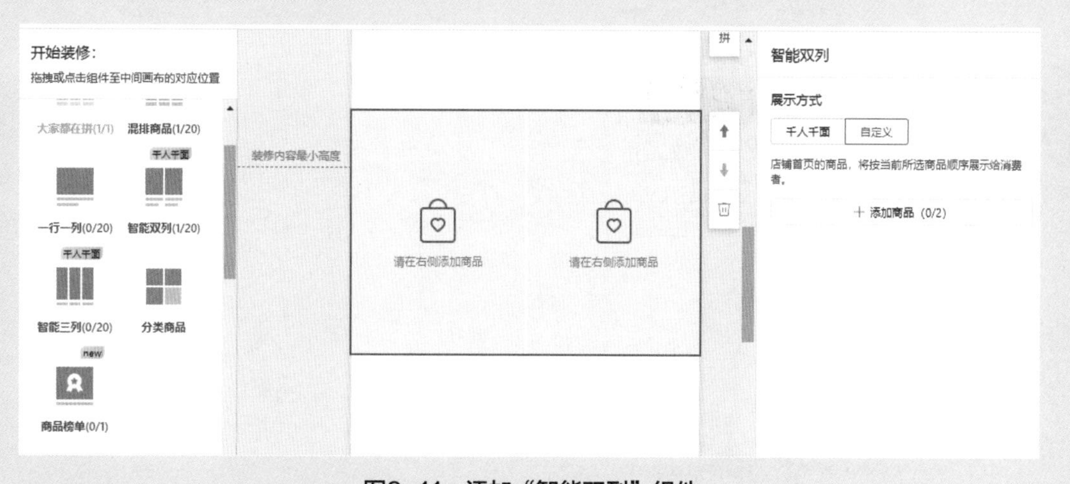

图8-11　添加“智能双列”组件

步骤02：在右侧单击“添加商品”按钮，将商品添加到页面中，以完成操作。

8.2.4　图片组件

图片组件包括“一行一张”“一行两张”“一行三张”等，以配置优惠券或者广告，具体操作步骤如下。

步骤01：在图片组件中选择“一行一张”，并拖至中间页面上，如图8-12所示。

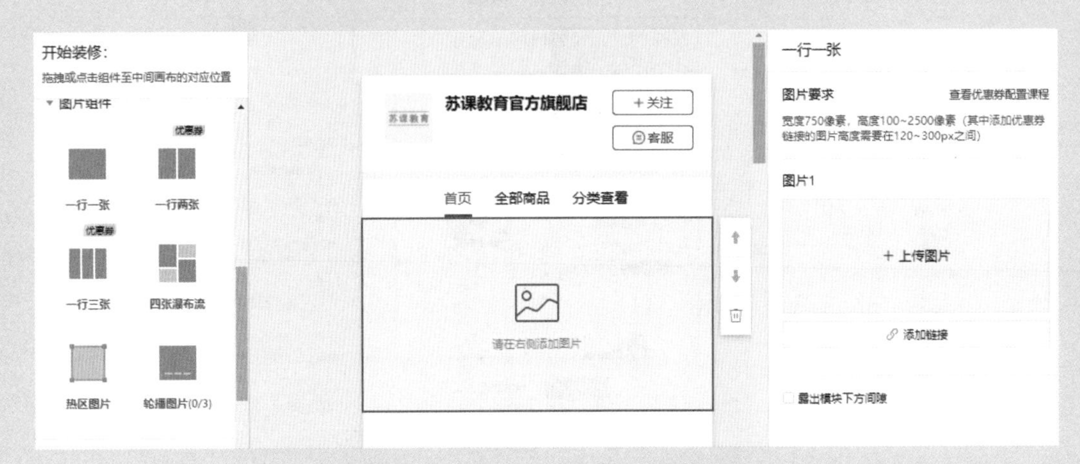

图8-12　添加“一行一张”图片组件

提示：图片要求宽度为750像素，高度为100~2500像素（其中添加优惠券链接的图片高度需要为120~300像素）。

步骤02：单击“上传图片”按钮，打开“图片空间”对话框，选择图片并单击“本地上传”按钮上传图片，如图8-13所示。

图8-13　“图片空间”对话框

步骤03：在“图片空间”对话框中选择图片素材，如图8-14所示。

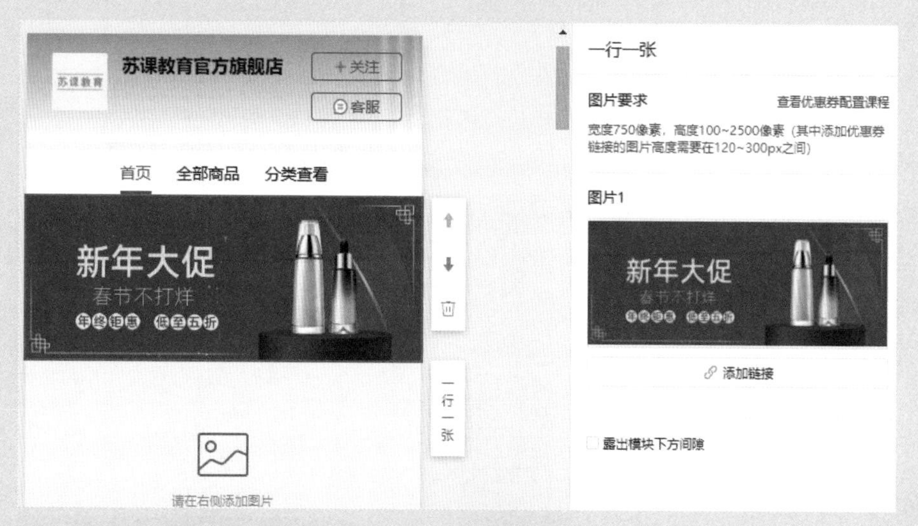

图8-14　选择图片素材

步骤04：在右侧的属性栏中可以为图片添加链接，从而链接到商品、优惠券和专题页等。

同样，“一行两张”“一行三张”图片组件也可以按照相同的方法添加海报图片和商品链接。

8.2.5　四张瀑布流

“四张瀑布流”图片组件可以添加 4 张图片，并分别为每张图片添加链接，用于商品分类或者商品展示，具体的添加方法如下。

步骤01：将左侧的“四张瀑布流”组件拖至中间位置，如图8-15所示。

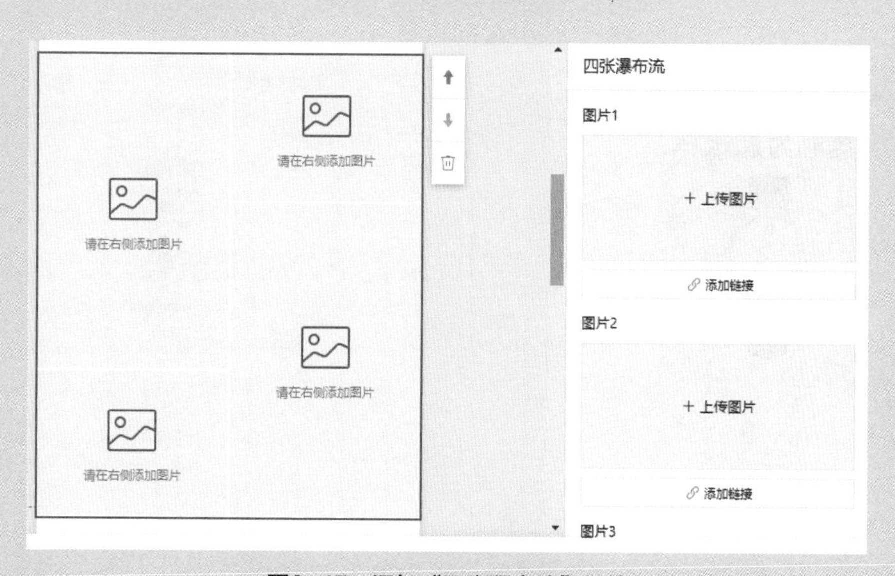

图8-15　添加“四张瀑布流”组件

步骤02：在右侧单击“上传图片”按钮，弹出“图片空间”对话框，如图8-16所示。

图8-16　“图片空间”对话框

步骤03：选择图片，进入“裁剪”对话框，对图片进行裁切，如图8-17所示。

步骤04：单击“确认”按钮，即可将图片添加到瀑布流组件中，如图8-18所示。

图8-17　“裁剪”对话框

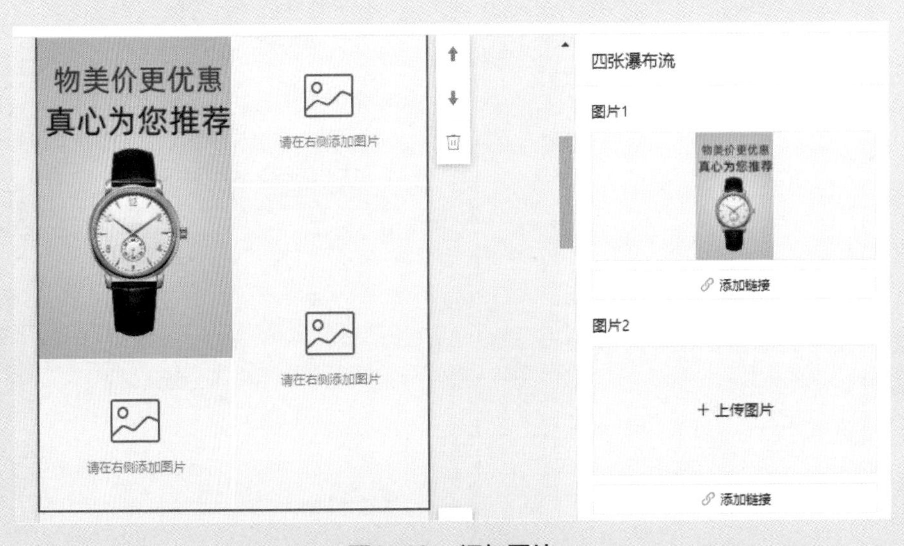

图8-18　添加图片

Photoshop电商设计与装修从新手到高手

步骤05：为图片添加链接，如图8-19所示。

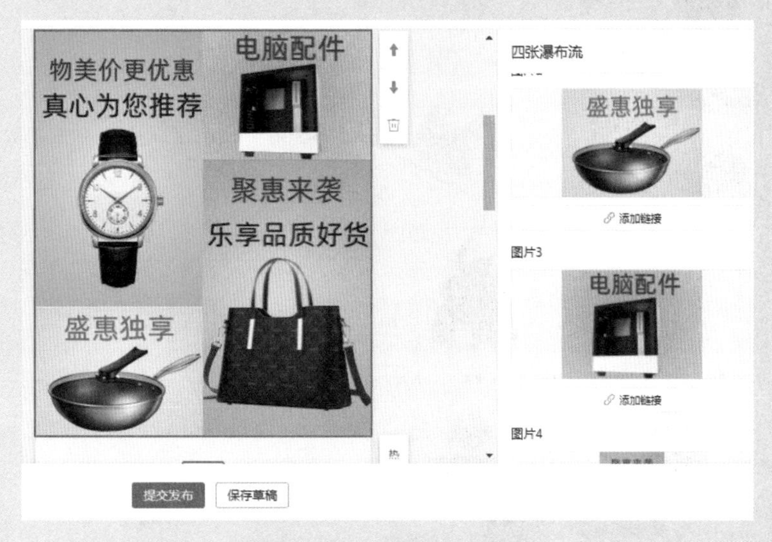

图8-19　为图片添加链接

步骤06：单击“保存草稿”按钮或者“提交发布”按钮，完成页面的设计。

8.2.6　热区组件

热区组件可以在一张图片素材上添加多个热区，并分别为热区添加链接，具体操作步骤如下。

步骤01：在左侧拖曳“热区图片”组件到中间位置，在右侧上传图片，如图8-20所示。

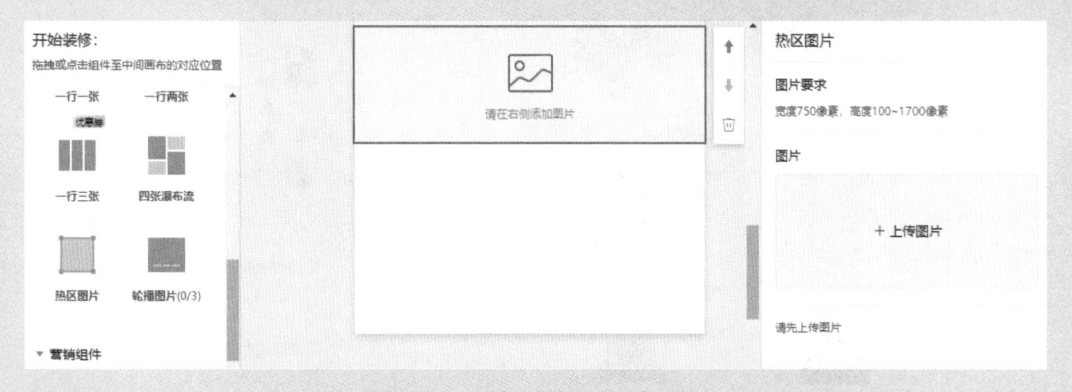

图8-20　添加“热区图片”组件

提示：热区图片要求宽度为750像素，高度为100~1700像素。

步骤02：单击右侧的“上传图片”按钮，打开“图片空间”对话框，选中图片并单击“本地上传”按钮，上传图片，如图8-21所示。

图8-21　添加图片

步骤03：在页面中可以调整热区的区域，使热区和商品图片相对应，在右侧为热区添加链接，可以添加多个热区，如图8-22所示。

图8-22　添加热区

步骤04：为所有的商品添加热区，并且为热区添加链接。

步骤05：单击“保存草稿”按钮，完成页面设置。

8.2.7 轮播图片组件

“轮播图片”组件一般用于海报展示，可以是多图轮播海报，也可以设置四张海报，具体操作步骤如下。

步骤01：在左侧拖曳“轮播图片”组件到中间位置，在右侧上传图片，如图8-23所示。

图8-23 添加“轮播图片”组件

提示：“轮播图片”组件可以上传4张图片，要求图片宽度为750像素，高度为100~2500像素，需要将上传的图片尺寸调整一致，这样的轮播广告看起来统一且美观。

步骤02：单击“上传图片”按钮，选择本地图片，添加图片后的店铺如图8-24所示。

图8-24 上传图片

步骤03：单击“添加链接”按钮，添加商品链接或者专题页链接，完成“轮播图片”组件的设置。

8.3 专题页面

本节介绍专题页面的设计方法。专题页面主要包括促销活动、爆款商品、商品优惠信息等。

8.3.1 新建专题页面

新建专题页面的操作步骤如下。

步骤01：进入拼多多店铺装修后台，单击“专题页面”选项，如图8-25所示。

步骤02：单击“新建页面”按钮，弹出“创建专题”对话框，输入专题名称，如图8-26所示。

图8-25 单击“专题页面”选项

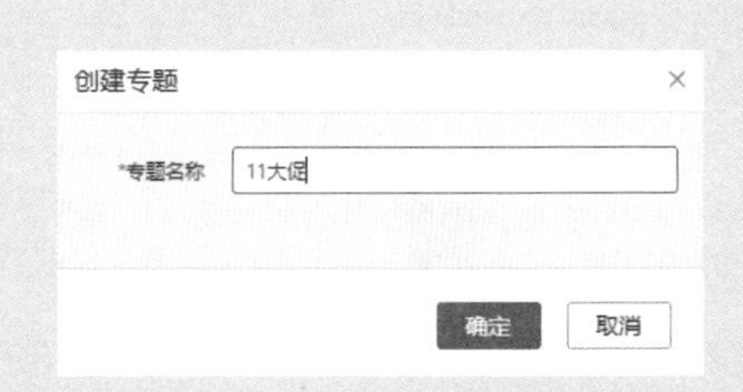

图8-26 “创建专题”对话框

步骤03：单击“确定”按钮，进入专题页面装修界面。

专题页面的装修布局的左侧是图片组件、商品组件和营销组件，这里的组件比店铺首页装修页面少一些。图片组件中包括“一行一张”“一行两张”“一行三张”和“轮播图片”。商品组件中包括“一行一列”“一行两列”“一行三列”等。

8.3.2 专题页面装修

专题页面的装修方法如下。

步骤01：在左侧拖曳营销互动类中的“店铺优惠券”到中间位置，如图8-27所示。

图8-27 添加“店铺优惠券”组件

步骤02：在右侧的店铺优惠券下单击“添加优惠券”按钮，进入创建“优惠券”页面，在其中可以设置优惠券的金额。创建优惠券后在右侧设置优惠券的属性，如图8-28所示。

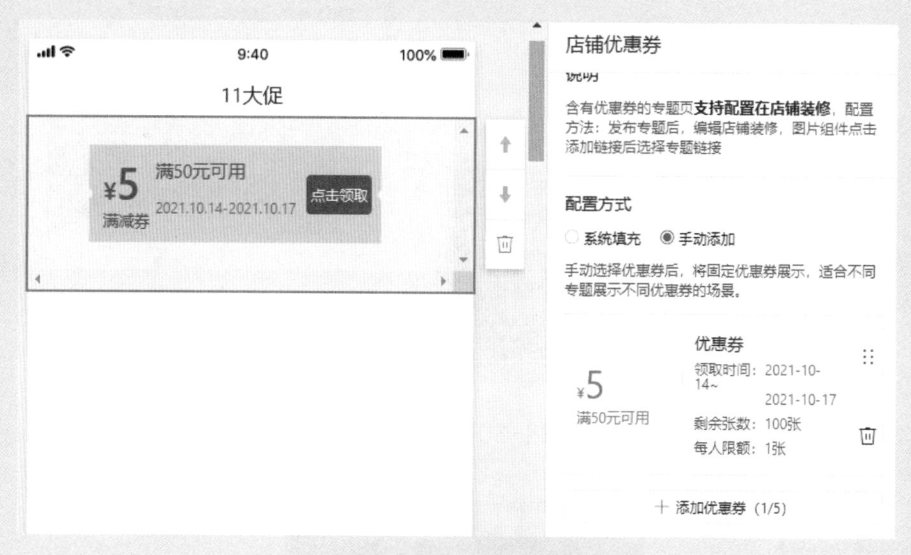

图8-28　创建优惠券

步骤03：将左侧的“一行一张”组件拖至中间位置，如图8-29所示。

图8-29　添加“一行一张”组件

步骤04：在右侧设置属性，单击“上传图片”按钮，选择本地图片并上传，如图8-30所示。

步骤05：单击“添加链接”按钮，为广告图片添加商品链接。

步骤06：在左侧选择“一行两列”商品组件，并拖曳到中间位置，如图8-31所示。

图8-30　上传图片

图8-31　添加商品组件

步骤07：在右侧单击“添加商品”按钮添加商品，如果专题页需要推荐多个商品，可以添加多个一行两列商品组件。

步骤08：操作完成后，单击“提交发布”按钮，发布后即可查看页面效果。

第9章

抖音店铺装修

本章将介绍抖音店铺后台包括的装修模块组件的使用方法，以及对抖音店铺进行装修的方法。

本章学习目标

- 了解抖音店铺装修后台的使用方法
- 熟练掌握抖音店铺装修的方法和技巧

9.1 抖音店铺装修后台

本节介绍抖音店铺装修后台的使用方法，具体操作步骤如下。

步骤01：打开抖音店铺装修后台，左侧是导航栏，包括“精选页”“分类页”“自定义页”，中间部分是新建页面，右侧是预览效果，如图9-1所示。

图9-1　抖音店铺装修后台

步骤02：单击“新建版本”按钮，输入新建版本的名称，进入店铺装修页面。其中左侧包括基础组件和营销组件，基础组件包括海报、商品、热区。营销组件包括优惠券和满减。可以将左侧的组件拖至中间部分，在右侧设置模块标题和上传图片，如图9-2所示。

图9-2　新建版本页面

9.2 店铺装修

本节介绍抖音店铺装修的流程，以及装修组件的使用方法。

9.2.1 店铺头图

店铺头图指店铺名称下的背景图片，头图要求最小宽度为 1125 像素，高度为 633 像素，单张图片文件尺寸不超过 2MB，图片中不要包含文字信息，具体的添加方法如下。

步骤01：在抖音店铺装修后台添加“店铺头图”组件，如图9-3所示。

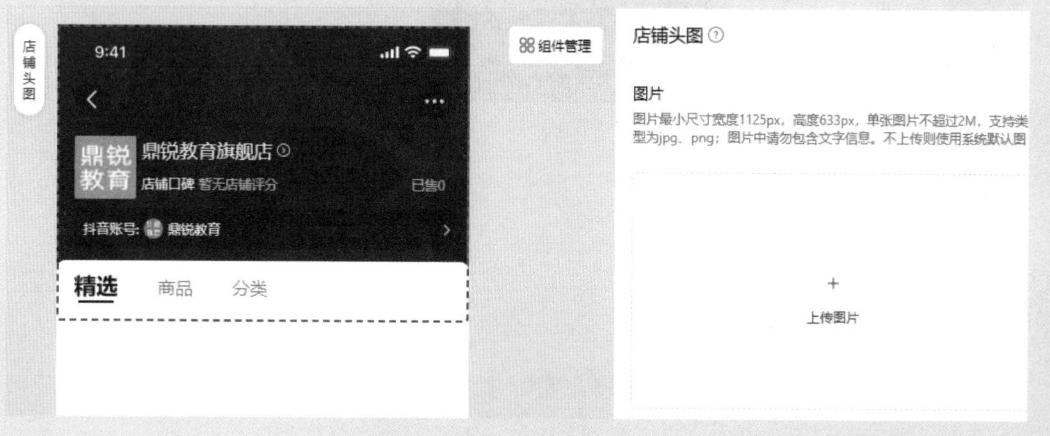

图9-3　添加“店铺头图”组件

步骤02：单击“上传图片”按钮，选择头图素材，即可为店铺添加头图，如图9-4所示。

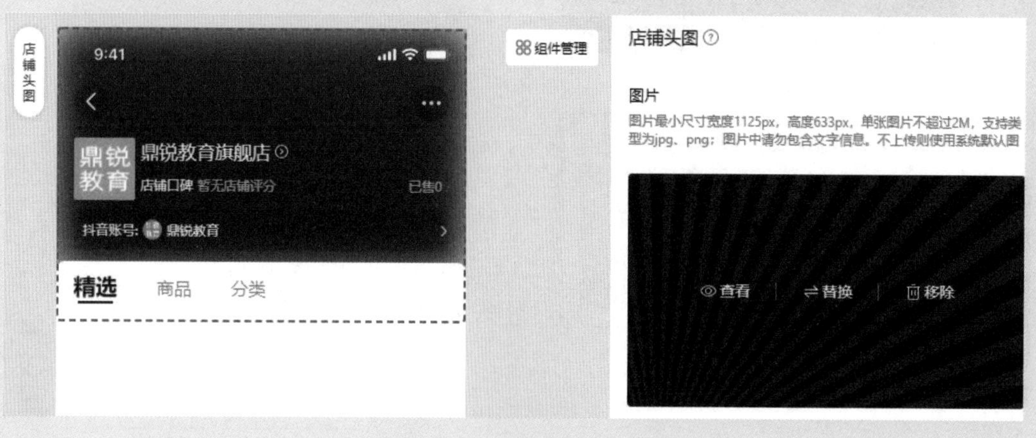

图9-4　为店铺添加头图

上传后在抖音店铺预览，即可查看头图的效果。

9.2.2 店铺海报

店铺海报的设计方法和淘宝店铺的设计方法类似，可以通过产品图片、背景图和文案结合设计，本小节介绍抖音店铺海报的上传方法。

店铺海报图片尺寸建议宽度为750像素，高度为200~1000像素，单张图片文件大小不超过2MB，如果添加多张图片则以轮播图的形式展示，具体的操作方法如下。

步骤01：在抖音店铺装修后台左侧拖曳“海报”组件到中间部分，如图9-5所示。

图9-5　添加“海报”组件

步骤02：“模块标题”和“描述”可以选填，海报可以添加5张图片。单击“上传图片”按钮，选择图片并上传，如图9-6所示。

图9-6　添加图片

步骤03：在右侧添加图片链接，即可完成海报页面的添加。

9.2.3 添加商品

本小节介绍在抖音店铺装修后台，为首页添加商品的方法，具体操作步骤如下。

步骤01：在抖音店铺装修后台左侧选择“商品”组件，并拖至中间区域，在右侧可以输入模块标题，如图9-7所示。

图9-7　添加“商品”组件

步骤02：商品布局包括“单列”“双列”“三列”和“横滑”，商品添加分为“手动选品”和“智能选品”，这里选择“智能选品”单选按钮，将商品添加到店铺中，如图9-8所示。此处也可以根据商品推荐方式选择“手动选品”单选按钮。

图9-8　调整商品布局

9.2.4　热区

热区可以在一张图片上添加多个链接，在设计商品推荐时可以设计成整体效果，并通过热区添加链接。热区要求图片宽度为 750 像素，高度为 200~2000 像素，图片文件大小不超过 2MB，具体操作步骤如下。

步骤01：在抖音店铺装修后台左侧拖曳“热区”组件到中间位置，如图9–9所示。

图9–9　添加“热区”组件

步骤02：在右侧单击“上传图片”按钮，上传图片，如图9–10所示。

图9–10　上传图片

步骤03：在右侧单击“编辑热区”按钮，打开“编辑图片热区”对话框，单击“添加热区”按钮，并调整热区的位置，如图9–11所示。

图9-11　编辑热区

步骤04：单击“添加热区”按钮，为每个商品添加热区，如图9-12所示。

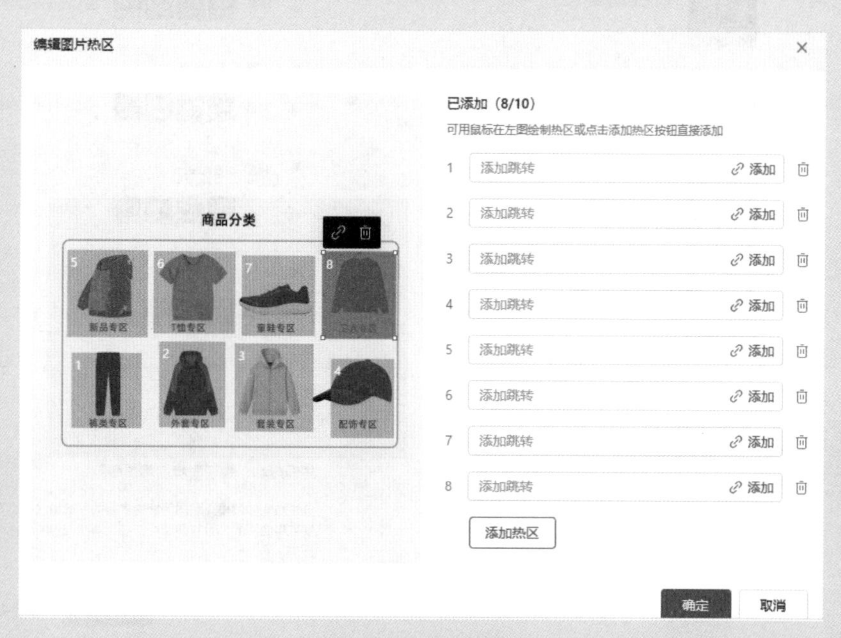

图9-12　添加热区

步骤05：分别为每个热区添加链接，可以链接到单个商品或者专题页面，单击“确定”按钮，完成热区的设置。在设计时如果热区是商品就添加商品链接，如果是促销活动就添加专题页的链接。

步骤06：单击“保存”按钮，再单击“生效”按钮，即可在抖音中查看店铺的装修效果。

9.2.5 分类页

在抖音店铺设置分类页的优势在于方便买家通过分类页快速查找到所需的商品。在抖音店铺装修后台启用“分类页”，店铺页会增加“分类”页，并展示生效中的装修版本页面，具体操作步骤如下。

步骤01：在抖音店铺装修后台左侧单击“分类页”，然后单击“新建版本”按钮，弹出“新建版本”对话框，输入版本名称，如图9-13所示。

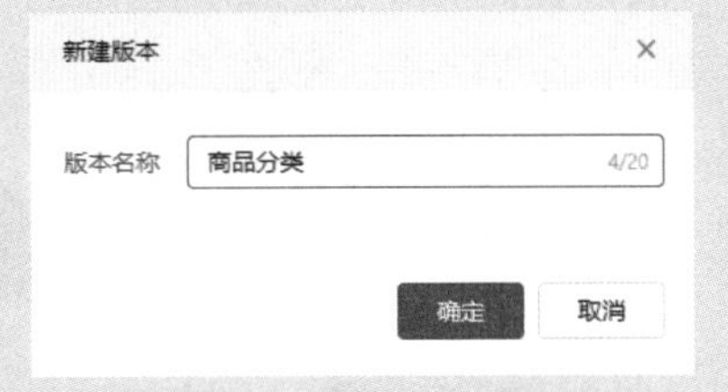

图9-13 “新建版本”对话框

步骤02：回到抖店店铺装修后台，在右侧可以输入标题，在商品中添加商品，每个分类至少添加4个商品，设置后的效果如图9-14所示

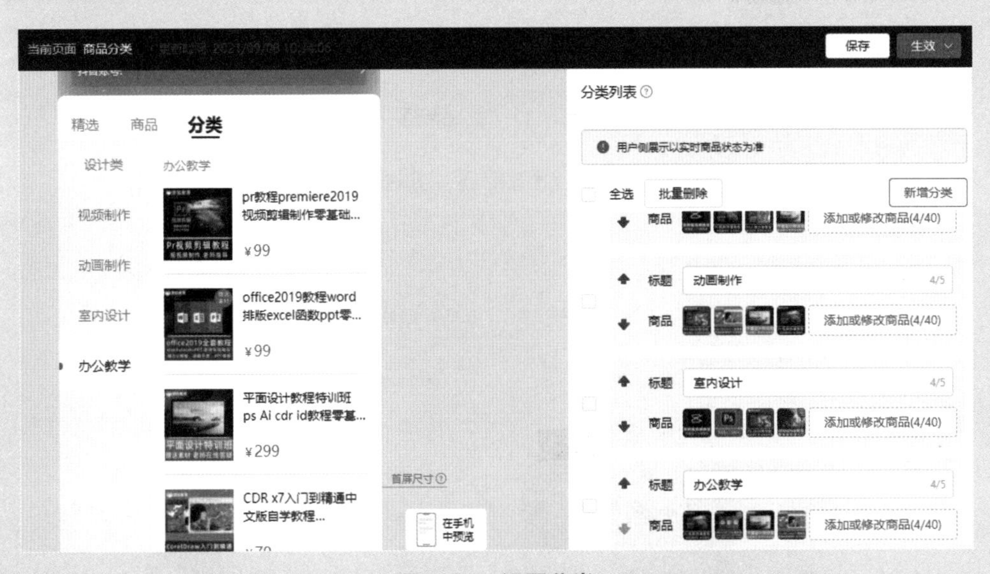

图9-14 设置分类

步骤03：单击“保存”按钮，再单击“生效”按钮，弹出提示对话框，如图9-15所示。

步骤04：单击“立即启用”按钮，完成分类页的设置。

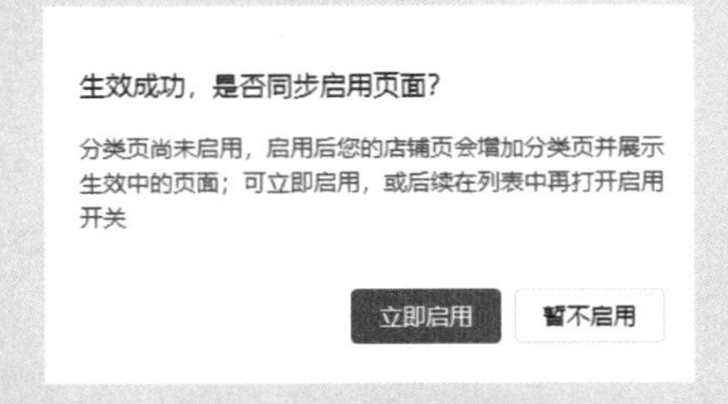

图9-15 提示对话框

9.3 大促活动页

大促活动页主要针对 618、双 11 这样的大型电商节日，烘托大促的氛围，引导消费者购买商品，添加大促活动页的操作步骤如下。

步骤01：在抖音店铺装修后台，单击左侧的“自定义页”选项，如图9-16所示。

图9-16　单击“自定义页”选项

步骤02：单击“新建页面”按钮，在弹出的“新建页面”对话框中设置页面名称为“大促活动页”，如图9-17所示。

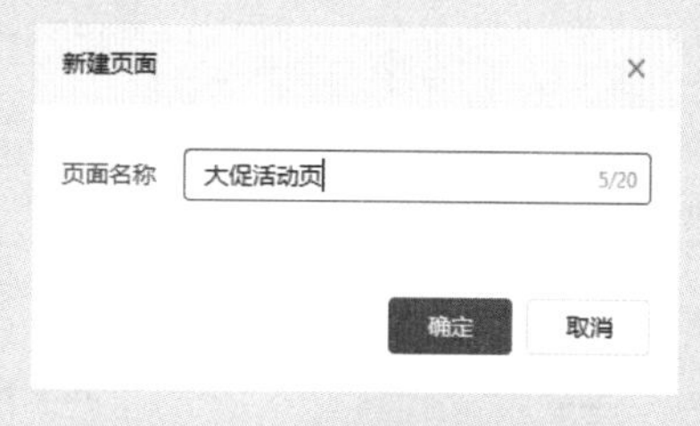

图9-17　“新建页面”对话框

步骤03：单击“确定”按钮创建页面，进入大促活动页的装修页面。大促活动页的主要组件包括海报、商品、热区和优惠券，如图9-18所示。

图9-18　大促活动页装修页面

步骤04：拖曳优惠券组件到中间位置，如图9-19所示。

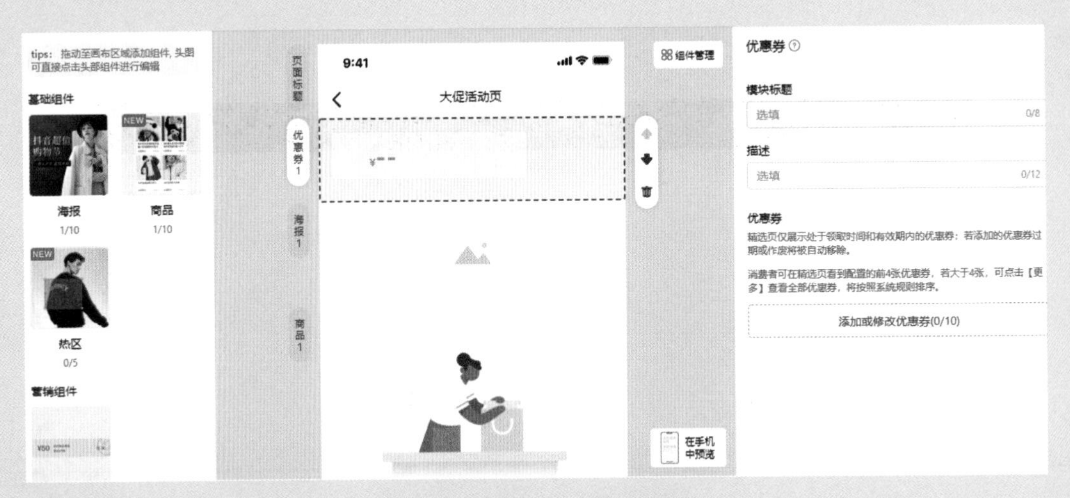

图9-19　添加“优惠券”组件

步骤05：在右侧单击“添加或修改优惠券”按钮，进入相应界面后先创建优惠券，再设置相应属性，如图9-20所示。

图9-20　设置优惠券属性

步骤06：拖曳“海报”组件到中间区域，在右侧单击“添加图片”按钮，如图9-21所示。

步骤07：可以添加5张海报图片，并且为海报添加链接。

步骤08：在左侧拖曳“热区”组件到中间区域，在右侧选择上传图片，如图9-22所示。

图9-21　添加“海报”组件

图9-22　添加“热区”组件

步骤09：单击“编辑热区”按钮，为商品添加热区，如图9-23所示。

图9-23　添加热区

步骤10：添加热区后，为每个热区添加链接，单击“确定”按钮。

步骤11：从左侧拖曳“商品”组件到中间区域，如图9-24所示。

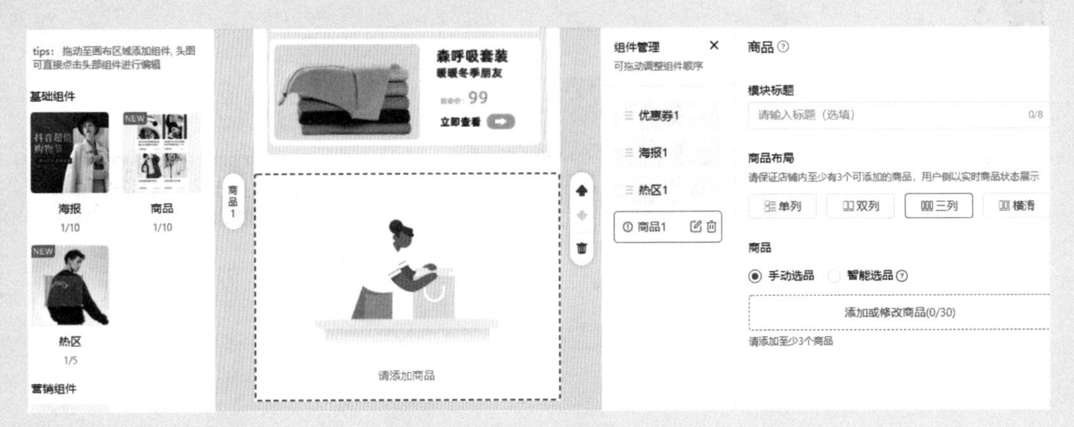

图9-24 添加“商品”组件

步骤12：在右侧选中“手动选品”单选按钮，添加店铺商品即可，完成页面设置。

步骤13：单击右上角的“保存”按钮，存储页面。单击“生效”按钮，进入审核状态。待官方审核完成后，即可查看页面效果，完成全部操作。

第10章

短视频直播封面设计

本章将介绍短视频直播封面的制作方法。

本章学习目标

- 了解短视频直播封面的制作方法

10.1 背景设计

本节介绍短视频直播封面背景设计的方法，具体操作步骤如下。

步骤01：打开Photoshop软件，新建文档宽度为750像素，高度为1300像素，分辨率为72像素/英寸，单击“创建”按钮，创建文档。

步骤02：打开“素材1”文件并拖至当前文档，按快捷键Ctrl+T调整素材的大小和位置，如图10-1所示。

步骤03：选择“矩形形状工具，属性设置为” 形状，填充为白色，宽带为660像素，高度为1180像素，圆角为20像素，绘制一个白色的圆角矩形，如图10-2所示。

图10-1　添加素材

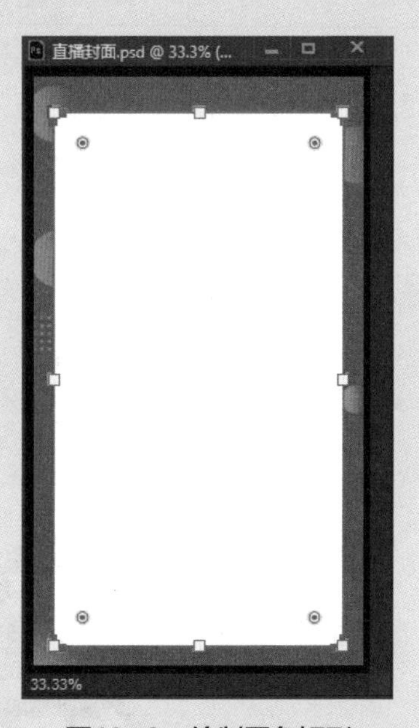

图10-2　绘制圆角矩形

10.2 文字排版

本节介绍通过设置文字颜色、文字大小进行排版的方法，具体操作步骤如下。

步骤01：选择“文字工具”，文字大小为125点，颜色为蓝色，输入文本“轻松理财 投资有道”，如图10-3所示。

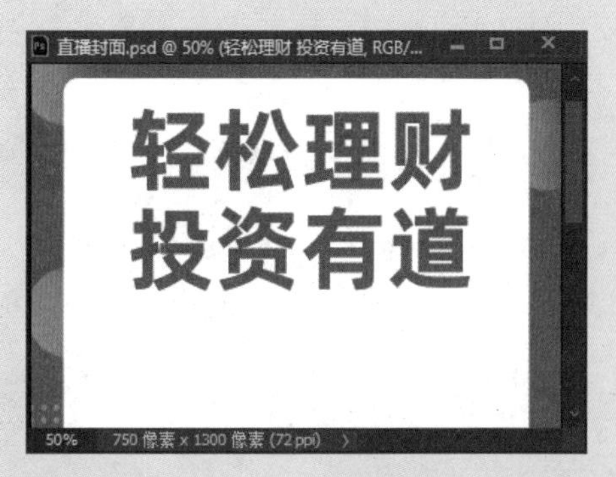

图10-3　输入文本

步骤02：选择“文字图层”，添加投影样式，颜色为蓝色，不透明度为29%，距离为8像素，如图10-4所示。

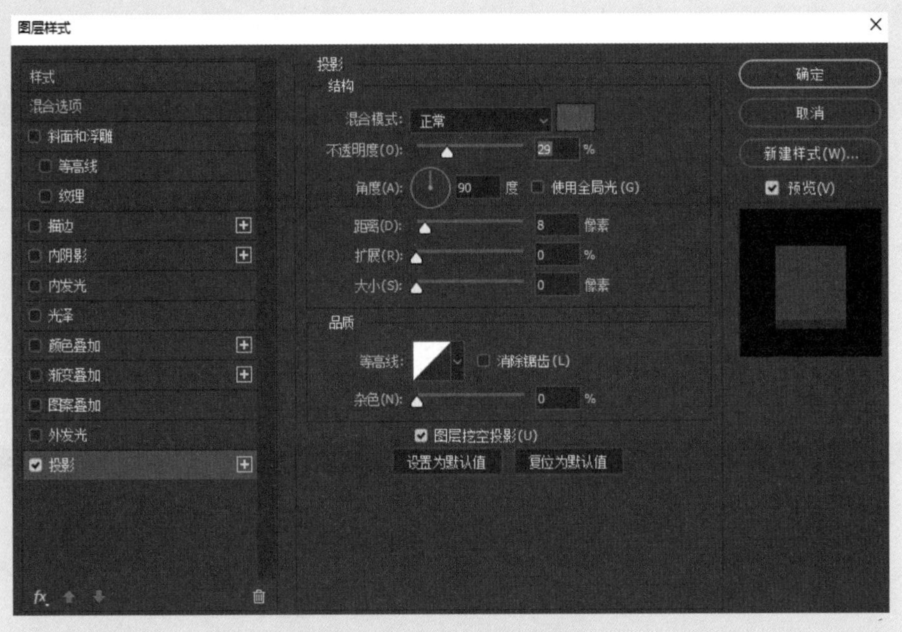

图10-4　添加“投影”图层样式

步骤03：选中“描边”复选框，设置“大小”为2像素，“位置”为“外部”，“颜色”为白色，如图10-5所示。

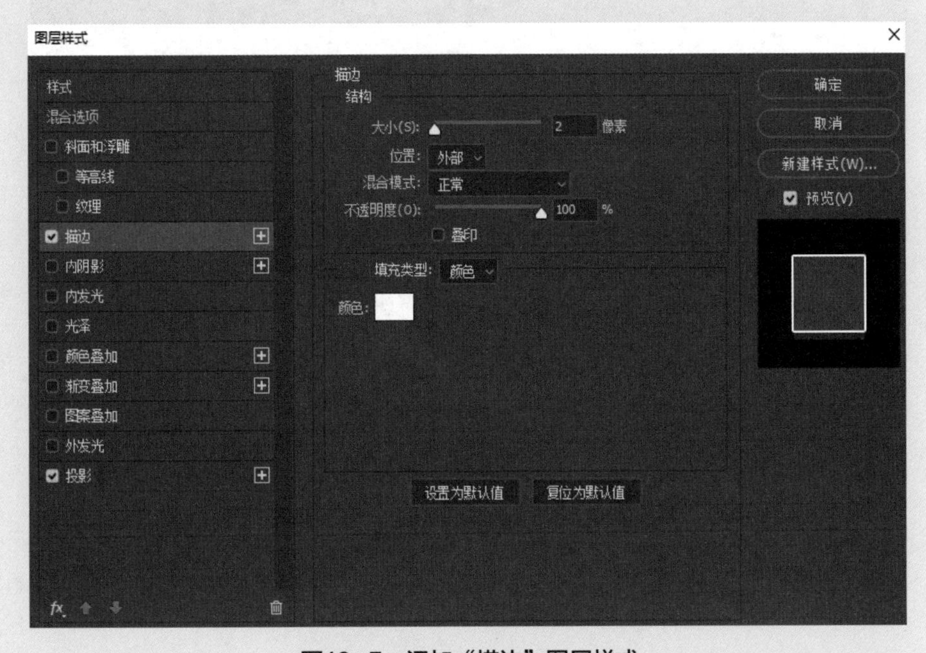

图10-5　添加“描边”图层样式

步骤04：单击“确定”按钮，文字效果如图10-6所示。

步骤05：选择“矩形工具”，设置颜色为“橙色”，描边关闭，宽度为480像素，高度为70像素，圆角为35像素，绘制圆角矩形，如图10-7所示。

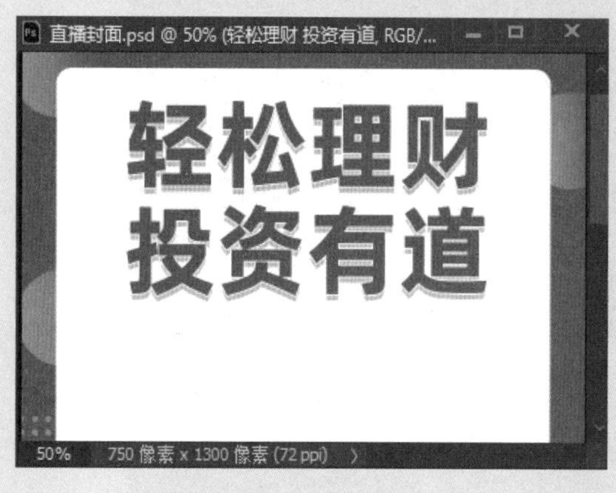

图10-6　文字效果

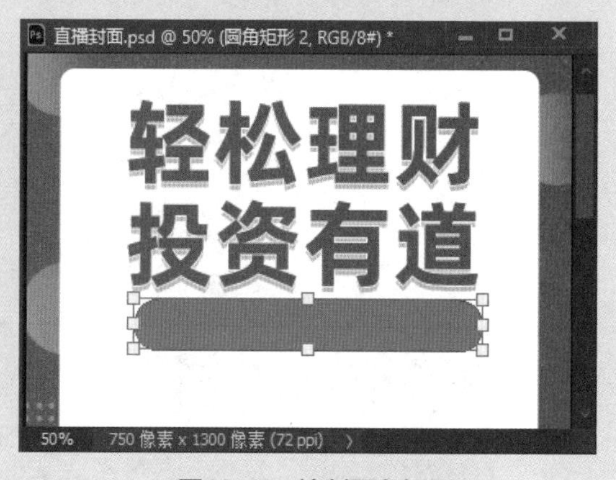

图10-7　绘制圆角矩形

步骤06：选择圆角矩形图层，添加“渐变叠加”图层样式，设置“渐变”为橙色，“角度”为90度，单击“确定”按钮，如图10-8所示。

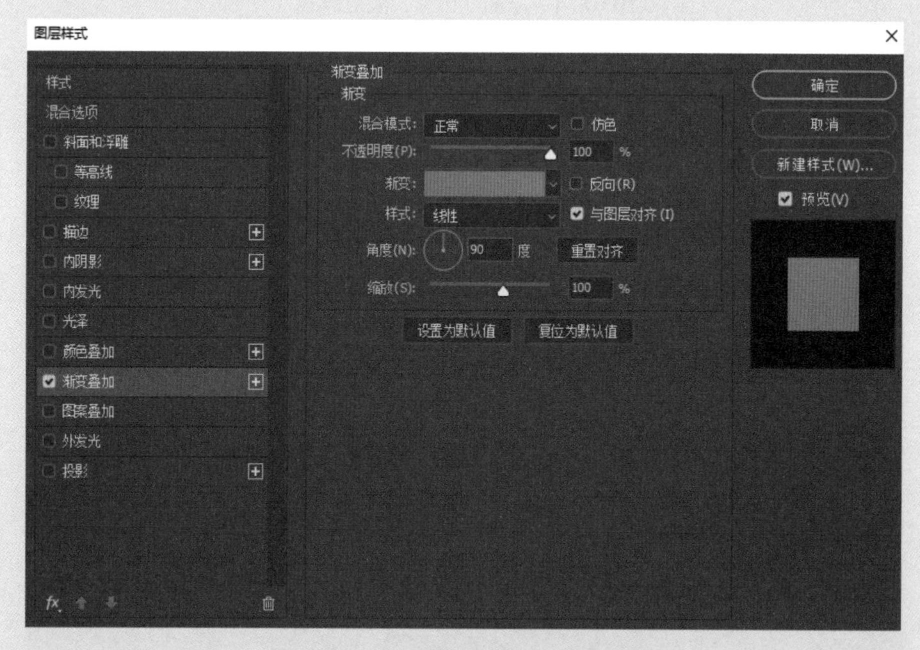

图10-8　添加“渐变叠加”图层样式

步骤07：选择“横排文字工具”，设置文字颜色为白色，文字大小为36，输入如图10-9所示的文本。

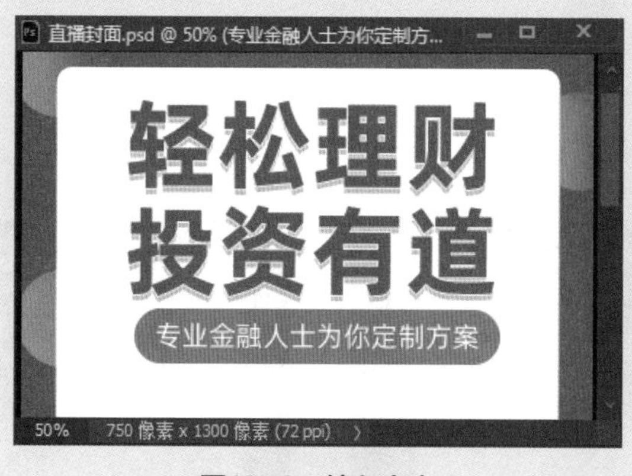

图10-9　输入文本

10.3 人像合成

本节介绍人像合成的方法，一般情况下，拍摄人像照片时要使用白色背景，以方便抠图，抠图后即可进行合成，具体操作步骤如下。

步骤01：打开“人物素材”文件，拖至当前文档中，并调整位置，如图10-10所示。

步骤02：选择“横排文字工具”，调整文字大小为72，颜色为蓝色，输入“鼎锐理财”文本。调整文字大小为48，输入“每天20点直播”文本，如图10-11所示。

图10-10　添加人物素材

图10-11　输入文本

步骤03： 打开“福利素材”文件，拖至当前文档中，并调整到合适的位置，如图10-12所示。

步骤04： 打开“手机素材”文件，拖至当前文档中，并调整到合适的位置，按快捷键Ctrl+T调整素材大小，如图10-13所示。

图10-12　添加福利素材

图10-13　添加并调整手机素材

10.4 封面前景设计

本节介绍封面前景效果的设计方法，首先通过形状工具绘制图形，然后添加二维码和文本，具体的操作如下。

步骤01： 选择“矩形工具”，属性为“形状”，颜色为“红色”，描边关闭，宽度为690像素，高度为180像素，圆角为28像素，绘制形状，如图10-14所示。

图10-14　绘制圆角矩形

步骤02：使用“直接选择工具”，将圆角矩形上面的两个角调整为直角。

步骤03：选择“钢笔工具”，在属性栏中选择“形状”选项，设置颜色为橙色，绘制一个不规则的图形，如图10-15所示。

步骤04：选择不规则形状图层，执行“图层”→“创建剪贴蒙版”命令，为该图层创建剪贴蒙版，如图10-16所示。

图10-15　绘制不规则图形

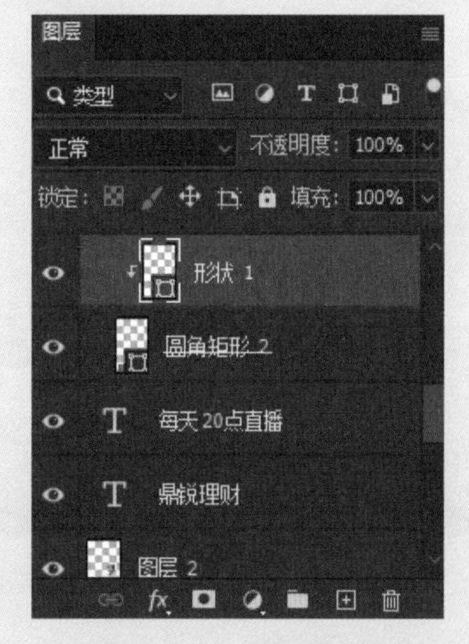

图10-16　创建剪贴蒙版

步骤05：选择“矩形工具”，属性设置为“形状”，宽度为268像素，高度为198像素，圆角为28像素，在左下角绘制形状，将左上角调整为直角，如图10-17所示。

步骤06：选择“矩形工具”，属性为“形状”，宽度为368像素，高度为55像素，圆角为28像素，绘制圆角矩形形状，如图10-18所示。

图10-17　绘制圆角矩形并调整左上角

图10-18　绘制圆角矩形

步骤07：选择“文字工具”，颜色为橙色，文字大小为28点，输入文本“直播仅开放300免费名额”，如图10-19所示。

步骤08：选择“文字工具”，文字大小为26点，输入文本“今日报名，免费领取100元免费体验券”，如图10-20所示。

图10-19 输入大小为28的文本

图10-20 输入大小为26的文本

步骤09：选择“直线工具”，填充颜色为深黄色，绘制两条直线，放置在文字下方，如图10-21所示。

图10-21 绘制直线

步骤10：打开“二维码素材”文件，拖至当前文档的左下角，按快捷键Ctrl+T调整素材尺寸，调整后的效果如图10-22所示。

图10-22　完成后的效果

这样就完成了短视频直播封面的制作，采用同样的制作方法还可以制作其他封面。